ISBN 978-3-662-26838-4   ISBN 978-3-662-28304-2 (eBook)
DOI 10.1007/978-3-662-28304-2

Die
Zeitschrift für Morphologie und Ökologie der Tiere
steht Originalarbeiten aus dem Gesamtgebiet der im Titel genannten Arbeits-
richtungen offen.

Die Zeitschrift erscheint zur Ermöglichung raschester Veröffentlichung zwang-
los, in einzeln berechneten Heften; mit 40 bis 50 Bogen wird ein Band abge-
schlossen.

Der Autor erhält einen Unkostenersatz von RM. 20.— für den 16seitigen Druck-
bogen, jedoch im Höchstfalle RM. 60.— für eine Arbeit.

Es wird ausdrücklich darauf aufmerksam gemacht, daß mit der Annahme des
Manuskriptes und seiner Veröffentlichung durch den Verlag das ausschließliche
Verlagsrecht für alle Sprachen und Länder an den Verlag übergeht, und zwar bis
zum 31. Dezember desjenigen Kalenderjahres, das auf das Jahr des Erscheinens
folgt. Hieraus ergibt sich, daß grundsätzlich nur Arbeiten angenommen werden
können, die vorher weder im Inland noch im Ausland veröffentlicht worden sind, und
die auch nachträglich nicht anderweitig zu veröffentlichen der Autor sich verpflichtet.

Bei Arbeiten aus Instituten, Kliniken usw. ist eine Erklärung des Direktors
oder eines Abteilungsleiters beizufügen, daß er mit der Publikation der Arbeit
aus dem Institut bzw. der Abteilung einverstanden ist und den Verfasser auf die
Aufnahmebedingungen aufmerksam gemacht hat.

Die Mitarbeiter erhalten von ihrer Arbeit zusammen 40 Sonderdrucke unent-
geltlich. Weitere 160 Exemplare werden, falls bei Rücksendung der 1. Korrektur
bestellt, gegen eine angemessene Entschädigung geliefert. Darüber hinaus ge-
wünschte Exemplare müssen zum Bogennettopreise berechnet werden. **Mit der
Lieferung von Dissertationsexemplaren befaßt sich die Verlagsbuchhandlung grundsätzlich nicht;** sie stellt jedoch den Doktoranden den Satz zur Verfügung zwecks
Anfertigung der Dissertationsexemplare durch die Druckerei.

Es ist dringend erwünscht, daß alle Manuskripte in deutlich lesbarer
Schrift, am besten Schreibmaschinenschrift (mit mindestens 3 cm breitem freien
Rand) eingeliefert werden. Die Manuskripte müssen wirklich druckfertig
eingeliefert werden; bei der Korrektur sollen im allgemeinen nur Druckfehler ver-
bessert und höchstens einzelne Worte verändert werden.

Aufnahmebedingungen siehe III. Umschlagseite.

Alle Manuskripte und Anfragen sind zu richten an
Professor Dr. P. Buchner, Leipzig, Zoologisches Institut der Univ., Talstr. 33
oder an
Professor Dr. P. Schulze, Rostock, Zoologisches Institut.

Die Herausgeber
Buchner   Schulze
Verlagsbuchhandlung Julius Springer in Berlin W 9, Linkstr. 22/24

---

36. Band   Inhaltsverzeichnis.   2. Heft

Seite

LAABS, ALFRED, Brutfürsorge und Brutpflege einiger Hydrophiliden mit Berücksichtigung des Spinnapparates, seines äußeren Baues und seiner
Tätigkeit. Mit 15 Textabbildungen (57 Einzelbildern) 123

PETERS, HANS M., Probleme des Kreuzspinnennetzes. Mit 59 Textabbildungen
(67 Einzelbildern) 179

BRAEM, F., Victorella Sibogae Harmer. Mit 18 Textabbildungen 267

ROSENKRANZ, WERNER, Die Symbiose der Pentatomiden (Hemiptera hetero-
ptera.) Mit 32 Textabbildungen 279

YALVAÇ, SUAVI, Der weibliche Geschlechtsapparat von Ixodes. Mit 9 Textabbildungen 310

(Aus dem Zoologischen Institut der Universität Münster i. W.)

PROBLEME DES KREUZSPINNEN-NETZES.

Von
HANS M. PETERS.

Mit 59 Textabbildungen (67 Einzelbildern).

(Eingegangen am 7. Juli 1939.)

Inhaltsverzeichnis.

Seite

Einleitung 180

I. Teil. Die geometrischen Verhältnisse 181
  1. Vorbemerkungen 181
  2. Die Gliederung der Netzfläche 181
    A. Der Abstand des äußersten vom zweitäußersten Klebfaden . . . 181
      a) Experimente über die Anordnung der Klebfäden 183
      b) Der Gesamtverlauf der Klebfäden 185
      c) Die Anordnung der Klebfäden im zentralen Netzteil 190
      d) Die Beziehungen zwischen den Sektorenwinkeln und den
        Sektorensegmenten 191
        Meta reticulata 199
        Zilla litterata 202
        Zusammenfassung 205
    B. Die Anordnung der Klebfäden innerhalb der Netzfläche 206
      Aranea diadema 206
      Zilla litterata 209
      Hyptiotes paradoxus 210
      a) Die periodischen Distanzänderungen 211
      b) Beziehungen zum Schwerefeld 214
    Zusammenfassung und Ausblick 217

II. Teil. Das Netz als harmonisches Gebilde 219
  1. Vorbemerkungen 219
  2. Experimente zur Ästhetik des Radnetzes 221
    a) Von verschiedenen Figuren sind die wohlgefälligsten aus-
      zuwählen 221
    b) Die Herstellung von Sektorensegmenten durch Versuchs-
      personen 227
    c) Erörterung der Ergebnisse 229
  3. Der Gestaltungszwang 229
  4. Beobachtungen über die Anordnung der Radialfäden in der Netzebene 231
  5. Die freie Zone 234
  6. Tastraum und Sehraum 235
  7. Über allgemeine Tendenzen der Gestaltung 237
  Zusammenfassung und Ausblick 240

III. Teil. Das Netz als ein Ganzes 241
  1. Vorbemerkungen 241
  2. Der ganzheitliche Charakter des Radnetzes 241
  3. Funktionsganzheit und Formganzheit 243
  4. Zur Stammesgeschichte des Radnetzes 244

Seite

5. Das Netz als Fangapparat 248
6. Instinktprobleme 251
   a) Zur Struktur des Netzes von *Zilla litterata* 253
     Vergleichendes 256
   b) Schema und Plan 257
   c) Über das Reparieren des Radnetzes 261
  Zusammenfassung und Ausblick 264
IV. Schlußbemerkung 265
  Literaturverzeichnis 265

Einleitung.

Es ist sehr auffällig, daß ein in so vieler Hinsicht interessantes Gebilde wie das Radnetz noch so gut wie gar nicht von allgemeineren Gesichtspunkten aus studiert worden ist. Zwar gibt es bekanntlich viele Untersuchungen an diesem Netztypus, doch bleiben diese Arbeiten, so vortrefflich auch viele von ihnen an sich sind, in dem engen Rahmen einfacher Beschreibung oder sehr spezieller Fragestellungen befangen. Eine Ausnahme macht, so weit ich sehe, eigentlich nur WIEHLE, der sich in seinen bekannten Untersuchungen von dem Problem der phylogenetischen Entstehung des Radnetzes hat leiten lassen.

So kommt es, daß das Radnetz für die allgemeine Biologie noch kaum Bedeutung erlangt hat, so viel Interesse man von dieser Seite dem Gegenstand auch entgegenbringt. Ich denke hier nur etwa an die Auseinandersetzung von JORDAN (1929) mit der Reflextheorie des Instinktes.

Der hochdifferenzierte Typus des Radnetzes führt uns nun aber offensichtlich an eine Reihe wichtiger Fragen heran und bietet eine in methodischer Hinsicht vielleicht einzigartige Gelegenheit, diese Fragen praktisch in Angriff zu nehmen. Drei Problemkreise, eng ineinander verschlungen, heben sich besonders heraus: Zunächst die Frage, ob die Gliederung des Netzes sich nicht irgendwie zahlenmäßig exakt fassen lasse, eine Frage, deren Lösung ein Beitrag zu der mathematischen Erfaßbarkeit organischer Gebilde überhaupt wäre. Der zweite Problemkreis umfaßt die Fragen, die uns das Netz als harmonisches Gebilde aufgibt, und die dritte Fragengruppe ist die nach der Ganzheitlichkeit des Netzes. Gerade die letztere Frage lockt sehr zu einer genaueren Untersuchung, da ihre Bearbeitung einen Beitrag zu einem heute mit im Vordergrund stehenden allgemein-biologischen Problem ergeben könnte.

Ich habe jede der 3 Problemgruppen in einem in sich ziemlich abgeschlossenen Teil dieser Arbeit zu behandeln versucht. Bewußt habe ich die Untersuchungen „Probleme" betitelt. Denn es kommt mir mehr darauf an, Fragen zu stellen und das Gebiet nach verschiedenen Richtungen hin abzutasten, als alle Möglichkeiten auch nur annähernd bis zu Ende durchzuprüfen. Doch glaube ich in der Feststellung der reinen Tatsachen stets soweit gegangen zu sein, daß zumindest die Berechtigung der aufgestellten Fragen deutlich wird.

Als Untersuchungsobjekt dient hauptsächlich das Netz der Kreuzspinne *Aranea diadema*, doch werden andere Radnetzspinnen zum Vergleich herangezogen, besonders *Meta reticulata* und *Zilla litterata*. Bezüglich der Versuchstechnik verweise ich auf meine früheren Arbeiten am Spinnennetz (1937/1938)[1], auf die ich auch sonst vielfach Bezug nehmen muß[2].

I. Teil. Die geometrischen Verhältnisse.
1. Vorbemerkungen.

Die Idee, die Gliederung des Radnetzes lasse sich irgendwie mathematisch fassen, ist im Grunde nicht neuartig. In der Unterhaltung mit Laien habe ich sie bisweilen andeuten hören. Jemand drückte sie einmal in seiner Weise durch die Frage aus „ob die Spinnen einen mathematischen Sinn hätten". Und was die wissenschaftliche Literatur angeht, so schreibt man im Englischen ja geradezu von den „geometrical spiders". Auch sonst findet man die Idee einer „Mathematik" des Spinnennetzes verbreitet. J.-H. Fabre gehört wohl zu den Autoren, die am meisten von ihr beeindruckt waren. Aber sein Gedanke der „logarithmischen Spirale" der Klebfadenumgänge wird schon durch die einfachste Beobachtung widerlegt. Im übrigen sind es nur Andeutungen, die sich auf eine Mathematik des Spinnennetzes beziehen. Klar ausgesprochen wurde die Idee meines Wissens niemals, und niemand hat sie eigentlich ernst genommen. So sind die Autoren in der Erforschung des Netzes denn auch durchaus „unmathematisch" vorgegangen, indem sie die verschiedenen Netzfäden in ihrer Anordnung und die Abschnitte des Netzes nicht etwa miteinander in Beziehung gesetzt, sondern sie geradezu aus dem Zusammenhang des Ganzen herausgelöst haben. Daher finden wir Angaben über die Anzahl der auf die Netzfläche entfallenden Klebfadenumgänge, oder die Abstände derselben werden in Millimetern angegeben, oder es finden sich Mitteilungen über die Zahl der Radialfäden oder den Durchmesser der Warte und so fort: Alles absolute Angaben, ohne den Versuch, sie miteinander innerlich zu verbinden.

Aus dieser Kritik ergibt sich schon die Aufgabe des I. Teiles der vorliegenden Untersuchungen.

2. Die Gliederung der Netzfläche.

A. Der Abstand des äußersten vom zweitäußersten Klebfaden.

Aranea diadema. Die Abstände der Klebfäden in den Netzen und in den verschiedenen Teilen ein und desselben Netzes sind sehr variabel. In der Literatur finden sich gelegentlich Mitteilungen darüber. Die

---

[1] Im Text bezeichnet als „1. Studie" und „2. Studie".

[2] Für Beratung in mathematischen Fragen bin ich Herrn Prof. Köthe, Münster i. W., zu großem Dank verpflichtet.

Entfernungen werden, wie schon gesagt, in Millimetern angegeben, oder es wird die Anzahl der Klebfädenumgänge innerhalb der Netzfläche mitgeteilt (vgl. NIELSEN, WIEHLE). Die Beobachtungen sind jedoch nie systematisch durchgeführt worden und können bestenfalls nur grobe Vorstellungen geben. Vor allem aber ist an diesen Messungen die stillschweigende Voraussetzung zu kritisieren, man könne die Anordnung der Klebfäden unabhängig von der Anordnung der Radialfäden untersuchen. Wie ich zeigen werde, verschmelzen aber tatsächlich die Klebfäden mit den Radialfäden zu bestimmten Flächenelementen. Wenn man die Anordnung der Klebfäden studieren will, muß man die Gestalt dieser Flächenelemente untersuchen.

Ich greife die von 2 benachbarten Klebfäden und den zugehörigen Abschnitten der beiden benachbarten Radialfäden[1] begrenzten kleinen Rechtecke (genauer: mehr oder weniger regelmäßige Trapeze) als die Elemente heraus, aus denen die Fläche des Fangbereiches aufgebaut ist, und bezeichne sie als *Sektorensegmente* (vgl. Abb. 1 *s*). Als ihre Höhe bezeichne ich den Abstand der Klebfäden (*a*) und als ihre Breite den Abstand der Mittelpunkte der Radialfädenabschnitte voneinander (*b*).

Abb. 1. Netz einer Kreuzspinne *(Araneadiadema)*. *s* Sektorensegment. Weitere Erklärungen im Text. Photographie.

Betrachten wir das in Abb. 1 wiedergegebene Kreuzspinnennetz, so finden wir eine starke Variabilität in den Abständen der Klebfäden. Im unteren Teil des Netzes haben sie einen viel geringeren Abstand voneinander als im oberen; auch nehmen die Entfernungen von der Peripherie

---

[1] Die von zwei benachbarten Radialfäden eingeschlossene Fläche habe ich als *Sektor* bezeichnet.

des Netzes nach dem Zentrum hin immer mehr ab. Wenn wir aber unser Augenmerk auf die Form der *Sektorensegmente* richten, so scheint sie innerhalb gewisser Grenzen in allen Teilen des Netzes, außer im zentralen Bereich, ziemlich ähnlich zu sein. Es ist so, als setze die Spinne die Netzfläche aus Segmenten von ähnlich bleibender Gestalt zusammen. So ließe sich die zunächst völlig unverständliche Variabilität der Fadenabstände einer einfachen Regel unterordnen.

Es fragt sich, ob die Spinne das Netz tatsächlich in derartiger Weise aufgliedert, oder ob wir ohne innere Berechtigung dem Tier eine solche Gestaltungsweise unterschieben. Wir können diese Frage mit Hilfe von Experimenten prüfen. Doch ist zu deren Verständnis die Kenntnis gewisser Einzelheiten der Herstellung des Netzes nötig.

a) Experimente über die Anordnung der Klebfäden.

Vorbemerkungen.

Bekanntlich beginnt die Spinne nach der Herstellung der Radialfäden nicht gleich mit der Anlage der Klebfäden, sondern sie fertigt erst die sog. Hilfsspirale an. Das ist ein in einigen wenigen weiten Spiralwindungen vom Netzzentrum zur Peripherie laufender Faden (Abb. 2). Bezüglich seiner Herstellung sei auf meine 2. Studie verwiesen.

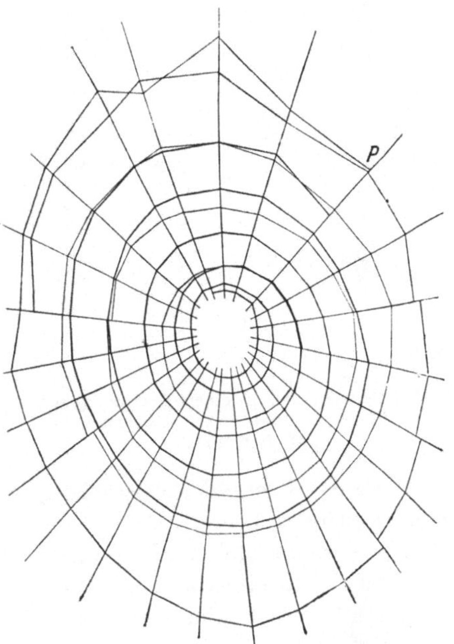

Abb. 2. Netz einer adulten Kreuzspinne mit eingezeichneter Hilfsspirale (dicke Linie) und dem äußersten Umgang und einigen inneren Umgängen der Klebfäden. Zeichnung nach der Natur.

Wenn die Spinne die Hilfsspirale fertiggestellt hat, so hält sie an demjenigen Radialfaden, an dem das Ende derselben fixiert ist, eine kurze Zeit inne und begibt sich dann am gleichen Radialfaden noch weiter zur Peripherie. Dort fixiert sie den Anfang des Klebfadens (Abb. 2*P*). Entgegen der Richtung der Hilfsspirale läuft das Tier nunmehr in engen Spirallinien um das Netzzentrum herum, den Klebfaden an den Radialfäden festheftend. Die Hilfsspirale wird als Brücke von einer Speiche zur anderen benutzt. Wenn die Spinne in den mittleren Bereichen des Netzes infolge der geringeren Entfernungen auch direkt von Speiche zu Speiche fortschreiten kann, so hält sie sich dennoch dauernd an die Umgänge der Hilfsspirale wie an ein Leitseil. Das alles ist bereits bekannt. Von der

Tätigkeit der Spinne beim Einkleben des Klebfadens entwirft McCook (1889, S. 80f.) eine anschauliche und ausführliche Schilderung.

Experimente.

Was nun die Experimente angeht, so soll bewiesen werden, daß die Spinne sozusagen nicht Klebfäden, sondern Sektorensegmente aneinander setzt. Wenn das der Fall ist, ist zu erwarten, daß das Tier den

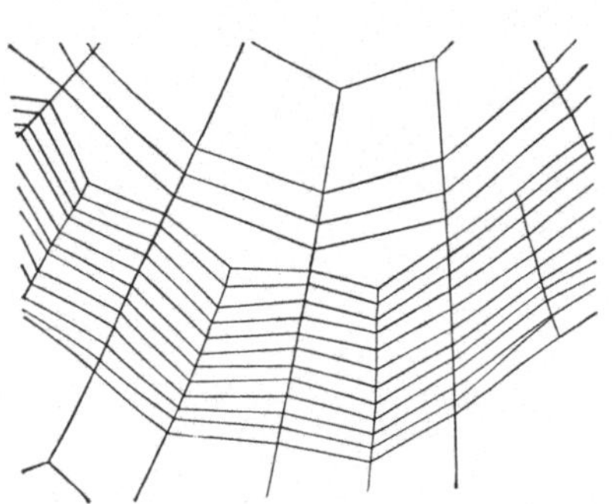

Abb. 3. Ausschnitt aus einem Kreuzspinnennetz. Erklärung im Text. Überzeichnete Photographie.

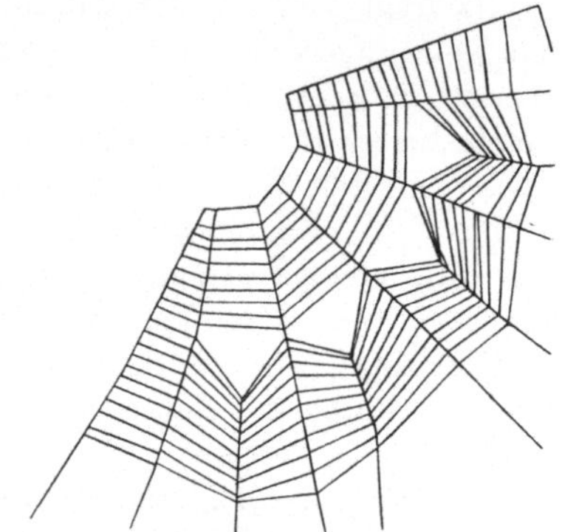

Abb. 4. Ausschnitt aus einem Kreuzspinnennetz. Erklärung im Text. Überzeichnete Photographie.

Abstand der Klebfäden vergrößert, wenn man die Sektorenwinkel künstlich vergrößert.

Ein derartiger Versuch ist in Abb. 3 dargestellt. Es ist ein Ausschnitt aus dem Netz eines adulten *diadema*-Weibchens.

Nachdem die Spinne eine Anzahl Umgänge von Klebfäden hergestellt hat, zerstöre ich ringsum jeden zweiten Radialfaden. Die Spinne läßt sich in ihrer Tätigkeit nicht stören, sondern fährt in der Herstellung der Klebfäden fort. Sie vergrößert jetzt aber den Abstand der Fäden auf ungefähr das Doppelte. Da ja auch der Abstand der Radialfäden verdoppelt ist, bleibt die Form der Sektorensegmente ähnlich derjenigen vor dem Eingriff.

Zwei Versuche mit einem bald adulten *diadema*-Männchen führten zu einem ähnlichen Ergebnis. An ein und demselben Netz wurde im oberen Netzteil in einem Bereich von 6 aufeinanderfolgenden Sektoren jeder zweite Radialfaden zerstört. Im unteren Netzteil zerstörte ich in einem Bereich von ebenfalls 6 Sektoren den 2. und 3. und den 5. und 6. Radialfaden. 5 andere Experimente hatten jedoch ein abweichendes Ergebnis. Hier blieben die Fadenabstände auch nach der Zerstörung der Radialfäden gleich demjenigen vor dem Eingriff. Das zeigt Abb. 4 an einem Beispiel. Das Versuchstier war das eben schon genannte *diadema*-Männchen. In den 4 übrigen Versuchen mit negativem Ausgang, die mit 4 verschiedenen Kreuzspinnen angestellt wurden, wurden in einem Bereich von 8 (2 Versuche), 10 (1 Versuch) oder allen (1 Versuch) Sektoren jeder zweite Radialfaden zerstört.

Auch mit *Zilla litterata* wurden Experimente angestellt; es waren etwa halbwüchsige Tiere. Einer der Versuche ist in Abb. 5 dargestellt. Hier, wie in 4 anderen

Experimenten, vergrößerte die Spinne die Fadenabstände derart, daß die Form der Segmente nach dem Eingriff derjenigen vor dem Eingriff ähnlich blieb, wenn auch in höherem oder geringerem Grade. Es wurde in einem Bereich von 6 oder 8 Sektoren jeder zweite Radialfaden zerstört, in einem Versuch in einem Bereich von 21 Sektoren jedoch der 2., 3., 5., 6., 8., 9., 11., 12., 14., 15., 17., 18., 20., 21. Radialfaden. Nur 1 Versuch mit *Zilla* hatte einen negativen Ausgang; in diesem Fall blieben die Abstände auch nach der Zerstörung jedes zweiten Radialfadens in einem Bereich von 10 Sektoren fast unverändert.

Abb. 5. Netz einer *Zilla litterata*. Erklärung im Text. Photographie.

Die Versuche zeigen, daß *Radialfäden- und Klebfädenabschnitte tatsächlich zu bestimmten Ganzen zusammentreten können*. Wir können also mit Recht sagen, daß die Spinne — *wenigstens unter gewissen Bedingungen* — Sektorensegmente aneinander setzt und nicht die Klebfadenabstände als solche bestimmt. Die nächste Aufgabe ist es, jene Bedingungen genauer zu erforschen. Dann wird es sich auch herausstellen, warum die Experimente nicht in jedem Fall ein positives Resultat hatten. Das vorliegende geringe Beobachtungsmaterial gestattet darüber noch keine Aussagen.

b) Der Gesamtverlauf der Klebfäden.

Das Messen des Abstandes.

Wenn die Spinne bei der Herstellung der Klebfäden von einer Speiche zur anderen läuft, tastet sie jedesmal mit einem Vorderbein nach dem letzten Umgang des Klebfadens, bevor sie ihren Faden fixiert. Abb. 6 mag das veranschaulichen. Die Spinne kommt in der Richtung des Pfeils und tastet nach dem Faden des letzten Umgangs, den sie etwa bei a berührt. Dann erst fixiert sie ihren neuen Faden bei b. Das habe ich bereits in meiner Arbeit von 1933 (S. 452) beschrieben. Dort habe ich auch schon Experimente besprochen, die an solche von HINGSTON anschließen, und welche beweisen, daß die Spinne durch das Abtasten den Abstand der Klebfäden bestimmt. Zerstört man etwa den Faden des letzten Umgangs (also Faden c in Abb. 6), so rückt der neue Faden in manchen Fällen bis auf den normalen Abstand an den nunmehr nächsten (also c_1) heran.

Ich habe die Experimente noch einmal aufgenommen, und zwar mit *Zilla litterata*. Dabei habe ich auch die Beobachtung von HINGSTON bestätigen können, daß die Spinne manchmal trotz Zerstörung des als Richtlinie dienenden Fadens den neuen Faden so befestigt, als wenn gar kein Eingriff stattgefunden hätte. Ein solches Experiment ist in Abb. 7a dargestellt, während Abb. 7 b einen Versuch mit deutlich positivem Ergebnis zeigt. HINGSTON will die negativen Fälle dadurch erklären, daß die Spinne den am Radialfaden noch haftenden Rest des zerstörten Klebfadens ertastet und danach den Abstand bestimmt habe. Doch konnte ich nie beobachten, daß die Spinne überhaupt mit jenem Rest in Berüh

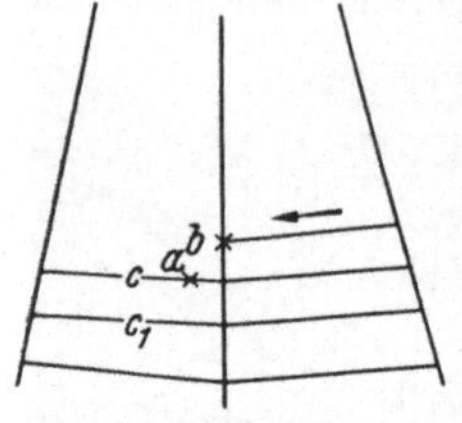
Abb. 6. Erklärung im Text. Schema.

rung kam. Wohl aber sieht man bisweilen, wie das Tier mit einem Vorderbein nach dem Richtfaden hin tastet, den neuen Faden aber fixiert, ohne daß jener andere Faden berührt worden wäre. Das Tasten erfolgt also manchmal ganz automatisch, und so mag es kommen, daß die Zerstörung der Leitlinie bisweilen gar keinen Einfluß auf den Verlauf des nächsten Klebfadens hat. Jedenfalls zeigen diese Versuche, daß die Spinne bei der Herstellung der Klebfäden die Netzfläche nicht nur im Sinne der bisher besprochenen gestaltenden Tendenzen aufgliedert, sondern daß dabei auch noch andere Gesetzmäßigkeiten obwalten. Die Spinne — so scheint es — fertigt nicht nur Segmente von ähnlich bleibender Form an, sondern sie *verfolgt auch irgendwie den kurvenmäßigen Verlauf der Klebfädenumgänge als solchen.*

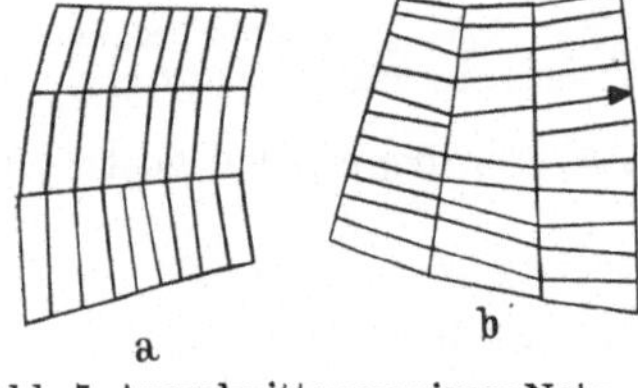
Abb. 7. Ausschnitte aus einem Netz von *Zilla litterata*. Der Pfeil in Abb. b gibt die Bewegungsrichtung der Spinne an.
Weitere Erklärungen im Text.
Überzeichnete Photographien.

In der 1. Studie habe ich die Form dieser Kurven am Kreuzspinnennetz ausführlich untersucht. Ich war zu dem Ergebnis gekommen, daß die Klebfäden mehr oder weniger regelmäßige Ellipsen beschreiben, deren große Achse in der Richtung von oben nach unten verläuft. Die große Achse verhält sich zur kleinen Achse im Mittel angenähert wie 1,24, wenn man die Netze älterer Tiere berücksichtigt. Mit zunehmendem Neigungswinkel der Netzebene gegen die Vertikale nähert sich die Form der Ellipse aber der Kreisgestalt. Diese Untersuchungen beziehen sich streng genommen allerdings nur auf den Umriß des *Fangbereiches*, gemessen am äußersten Klebfadenumgang. Sie können aber auf die nach innen folgenden Umgänge der Klebfäden übertragen werden. Auf gewisse Ausnahmen werde ich weiter unten noch zu sprechen kommen.

Der Umgang als Ganzes hat also einen bestimmten, regelmäßigen Verlauf. Die Klebfäden sind demnach nicht nur Begrenzungen von Sektorensegmenten, sondern auch *Abschnitte eben dieses Gesamtverlaufs.* Und als solche sollen sie nunmehr an Hand einiger Experimente untersucht werden.

1. Versuchsreihe. In einer ersten Versuchsreihe werden in einer Anzahl aufeinanderfolgender Sektoren eines im Bau befindlichen Netzes einige Klebfäden zerstört, derart wie es beispielsweise Abb. 8 zeigt.

Als die Spinne nach dem Eingriff in die kritische Region kam, orientierte sie sich in der oben geschilderten Weise nach dem jeweils nächsten stehen gebliebenen Fadenstück. Der neue Klebfaden wich daher stark von

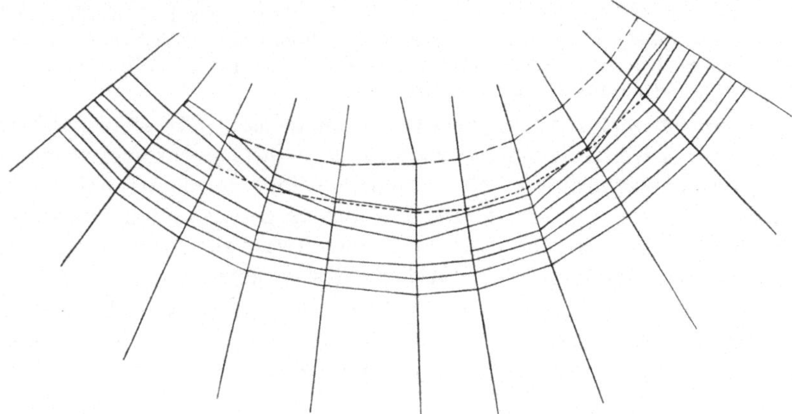

Abb. 8. Ausschnitt aus dem im Bau befindlichen Netz einer adulten Kreuzspinne. Die feingestrichelte Linie gibt den Verlauf des letzten vor der Zerstörung der Klebfäden hergestellten Klebfadenzuges an, die grobgestrichelte Linie den Verlauf der Hilfsspirale. Weitere Erklärungen im Text. Zeichnung nach der Natur.

dem bisherigen Kurvenverlauf ab. Aber die Spinne kompensierte alsbald diese Abweichung. Sie *kehrte* nämlich einen Sektor vor und einen Sektor hinter dem kritischen Bereich je einmal *um*, so daß sich der dritte Klebfadenzug endlich wieder in den elliptischen Verlauf des ganzen Umgangs einfügt. Von nun an geht das Einheften der Klebfäden wieder in der gewöhnlichen Weise vor sich.

Im ganzen wurden 16 ähnliche Versuche an 7 Netzen adulter *diadema*-Weibchen und einem Netz eines etwa halbwüchsigen Tieres angestellt. Dabei wurde in 3 Experimenten eine Kompensation des abweichenden Fadenverlaufes durch 2 (2 Versuche) Umkehren oder nur 1 (1 Versuch) beobachtet. In 6 Versuchen wurde der normale Verlauf auf andere Weise

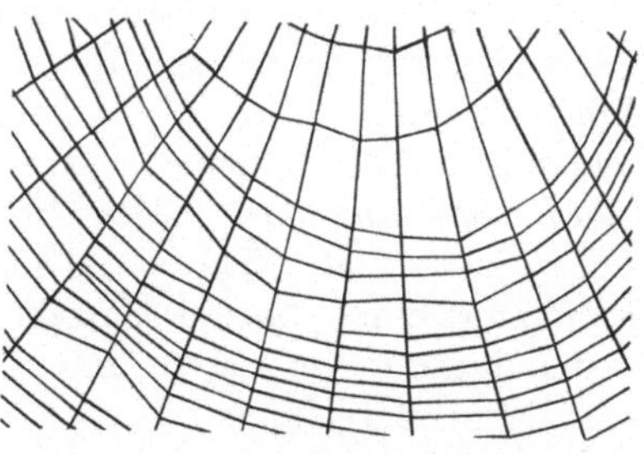

Abb. 9. Ausschnitt aus einem im Bau befindlichen Netz einer Kreuzspinne. Überzeichnete Photographie.

wiederhergestellt, nämlich dadurch, daß die Spinne die Abstände der Klebfäden im kritischen Bereich *erweiterte*[1]. Hierfür gibt das in Abb. 9 dargestellte Experiment ein Beispiel, das ohne weitere Erklärung verständlich ist. In 2 Versuchen vereinigte die Spinne beide Methoden der Regulation, indem sie den Faden sowohl umkehren ließ wie auch die Abstände erweiterte. In 1 Versuch blieben

---

[1] Hier wäre noch zu prüfen, ob und inwieweit die Vergrößerung des Abstandes der Klebfädenzüge von der Hilfsspirale von Bedeutung war, gemäß der Auseinandersetzung unten auf S. 211f.

im kritischen Bereich die Abstände der neuen Fäden zwar ungefähr gleich den bisherigen, und es erfolgten auch keine Umkehren; aber an einer Stelle in der Nähe der kritischen Sektoren verringerten sich die Fadenabstände, so daß der normale Linienverlauf auf diese Weise wiederhergestellt wurde. In 3 Versuchen schließlich konnte ein sicherer Effekt nicht beobachtet werden. Die Spinne befestigte trotz Zerstörung der Klebfäden ihren neuen Faden im kritischen Bereich so, als wenn gar kein Eingriff stattgefunden hätte. Solche Fälle werden uns weiter unten noch einmal beschäftigen.

2. Versuchsreihe. Die Experimente wurden im ganzen 7mal an 4 Netzen etwa halbwüchsiger *Zilla litterata* wiederholt. Jedesmal wurde eine bedeutende Abweichung des neuen Klebfadenzuges im kritischen Bereich vom bisherigen Verlauf beobachtet. Die Regulation geschah auch hier durch Umkehren, Erweitern der Abstände oder (was allerdings nicht mit Sicherheit zu beurteilen war) durch beides zusammen.

Zeigen alle diese Versuche das Bestreben der Spinne, *die Klebfäden im charakteristischen Kurvenverlauf zu befestigen*, so wird das noch deutlicher in den nunmehr zu beschreibenden Versuchen.

Weitere Experimente.

Diesmal werden unmittelbar nach Fertigstellung der Hilfsspirale die beiden letzten Umgänge derselben in 6 Sektoren zerstört. Die zerstörten Teile sind in Abb. 10 als gestrichelte Linien eingezeichnet. Da die Spinne bei der Befestigung des äußersten Klebfadenumgangs die Hilfsspirale offenbar zur Orientierung mit heranzieht[1], *gab sie dem äußersten Klebfaden im kritischen Bereich einen ganz atypischen Verlauf*, denn sie mußte hier den 2. Umgang der Hilfsspirale als Leitlinie benutzen. Der äußerste Klebfadenumgang beschrieb in seinem Gesamtverlauf keine regelmäßige Ellipse, sondern war in der kritischen Region stark nach dem Netzzentrum hin vorgebuchtet. Im weiteren Fortgang des Netzbaues *wurde jedoch nach und nach wieder eine regelmäßig-elliptische Anordnung der Umgänge erreicht*. Wie die Abbildung zeigt, geschah das sowohl durch Einfügung einer Anzahl Umkehren, wie auch durch Verringerung der Fadenabstände im beschädigten und Erweiterung derselben im unbeschädigten Bereich.

Das Experiment war mit einem adulten *diadema*-Weibchen angestellt worden. Ein gleicher Versuch mit demselben Tier am folgenden Tage hatte ein ganz ähnliches Ergebnis.

Diese Versuche zeigen mit aller Deutlichkeit, daß der Verlauf der Klebfäden nicht nur von jenen strukturellen Bedingungen abhängig ist, die die Form der Sektorensegmente bestimmen, sondern daß diesen Bedingungen der typische Verlauf der ganzen Umgänge übergeordnet ist. Erst wenn die Klebfäden in regelmäßigen Ellipsen angeordnet sind, treten jene Gesetzmäßigkeiten in ihre Rechte, die die Gestalt der Sektoren-

---

[1] Vgl. 2. Studie S. 143f.

segmente beherrschen. Die Gestaltung des umfassenderen Ganzen ist der Gestaltung der Teile übergeordnet.

Über die Umkehrstellen im allgemeinen. Umkehrstellen im Radnetz sind bereits seit langem beschrieben. McCook (1889, S. 79/80) schreibt, mit umkehrenden Fäden fülle die Spinne die Ecken im Rahmenwerk aus. Man beobachtet solche hin und her pendelnden Fadenzüge besonders häufig im *Zilla*-Netz (vgl. Abb. 19, auch Abb. 8 in der 1. Studie S. 637). Dort sind sie offenbar durch die exzentrische Lage der Warte bedingt. Hingston (1920, S. 113) hält die Umkehren im *Zilla*-Netz für "the means adopted by the spider to perform the difficult operation of winding spirals round an excentric point with the least possible loss of parallelism and

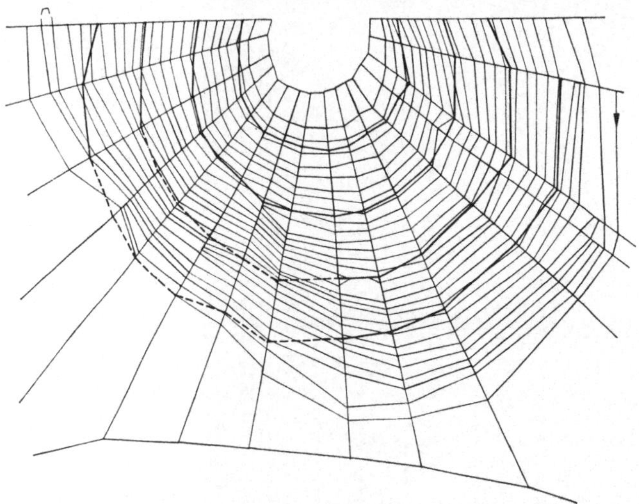

Abb. 10. Unterer Teil des Netzes einer adulten Kreuzspinne. Erklärung im Text. Zeichnung nach der Natur.

symmetry". Er beschreibt die beiden Typen der spitzen und der stumpfen Umkehr, eine Unterscheidung, die später auch Wiehle gemacht hat. Bei der spitzen Umkehr ist der umkehrende Faden nur an einem Punkte am Radialfaden befestigt (vgl. z. B. Abb. 8 in der 1. Studie), während er ihn bei der stumpfen Umkehr ein kleines Stück begleitet (vgl. z. B. Abb. 19). Wiehle (1929, S. 286) führt das Umkehren der Spinne, soweit es sich nicht aus den eben genannten Gründen erklären läßt, auf Ermüdung der „einseitig tätigen Beine" zurück. Lediglich Dahl (1885, S. 166) vertritt eine Auffassung, mit welcher die meinige übereinstimmt. Er schreibt, *Zilla* fülle zunächst die Ecken des Rahmenwerks mit Fäden aus. „Von da an beginnt ... die fortlaufende Spirale, doch wird zuweilen, wenn der Kreis etwas ungleichmäßig wird oder ungleichmäßig geblieben ist, einmal umgewendet, so daß an der zurücktretenden Stelle 2 Fäden aufeinander folgen. "

Im gewöhnlichen *diadema*-Netz beobachtet man Umkehrstellen nur vereinzelt, wie es z. B. Abb. 1 lehrt. Das Umkehren kann hier ein Mittel zur Wiederherstellung eines durch irgendwelche Ursachen gestörten regelmäßigen Kurvenverlaufs sein. Das ist bei *3* und *6* in Abb. 1 offenbar der Fall. Dagegen liegen die mit *1, 2, 4* bezeichneten Umkehren an

13*

Stellen, wo dem regelmäßigen Verlauf des Klebfadens ein Rahmenfaden im Wege steht.

c) Die Anordnung der Klebfäden im zentralen Netzteil.

Betrachten wir die in Abb. 11 wiedergegebene zentrale Region des Netzes einer halbwüchsigen Kreuzspinne, so fällt uns im unteren Netzteil die starke Vergrößerung des Abstands zwischen dem letzten und dem vorletzten Klebfadenumgang gegenüber den früheren auf. Derartiges beobachtet man in vielen Netzen. Häufig sind mehrere der zentralen Umgänge an der Vergrößerung der Abstände beteiligt. Eine Erklärung wird durch folgende Überlegungen angebahnt.

Wie ich in der 1. Studie nachgewiesen habe — und ich habe oben nochmals darauf hingewiesen — beschreibt der äußerste Klebfadenumgang, wenigstens im Idealfall, eine Ellipse, deren Mittelpunkt mit der Nabe des Netzes zusammenfällt. Diese charakteristische Anordnung geht nach dem Zentrum des

Abb. 11. Mittlerer Teil des Netzes einer halbwüchsigen Kreuzspinne. Photographie.

Netzes zu in vielen Fällen immer mehr verloren. Infolge der strukturellen Unterschiede zwischen dem oberen und dem unteren Netzteil rücken nämlich, wie weiter unten noch gezeigt werden wird, in vielen Netzen die Klebfäden oben schneller gegen das Netzzentrum vor als unten. Innerhalb der elliptischen Umgänge wird der Mittelpunkt des Netzes also immer mehr nach oben verschoben, wie man das auch an Abb. 1 sieht. Der Vergrößerung der Fadenabstände liegt wohl nun die Tendenz zugrunde, die *ursprünglich harmonische Anordnung von Nabe und Ellipsenumgängen wiederherzustellen*. Dementsprechend finden sich die Erweiterungen auch nur in Netzen mit exzentrischer Verlagerung der Nabe und in den *unteren* Netzteilen.

d) Die Beziehungen zwischen den Sektorenwinkeln und den Sektorensegmenten.

Die Experimente haben uns also, um das noch einmal zu wiederholen, gelehrt, daß die Spinne die Klebfäden nicht nach absoluten Maßen befestigt, sondern daß sie Sektorensegmente als *Ganze* herstellt, und daß sie *innerhalb gewisser Grenzen* die Fäden derart anordnet, daß diese Segmente *einander ähnlich bleiben.* Diese Behauptung gründet sich allerdings zunächst noch auf ziemlich unexakte Beobachtungen. Wie weit die Ähnlichkeiten im Einzelnen gehen, steht noch durchaus dahin. Es ergibt sich daher die Aufgabe, die hier vorliegenden Verhältnisse einmal genauer zu untersuchen. Dabei ist nicht nur die Frage nach der Form der Segmente in den verschiedenen Teilen ein und desselben Netzes zu klären, sondern auch zu prüfen, ob sich in den *verschiedenen* Netzen das gleiche Verhältnis von Höhe und Breite der Segmente findet. Nach dem bloßen Augenschein ist das letztere nicht der

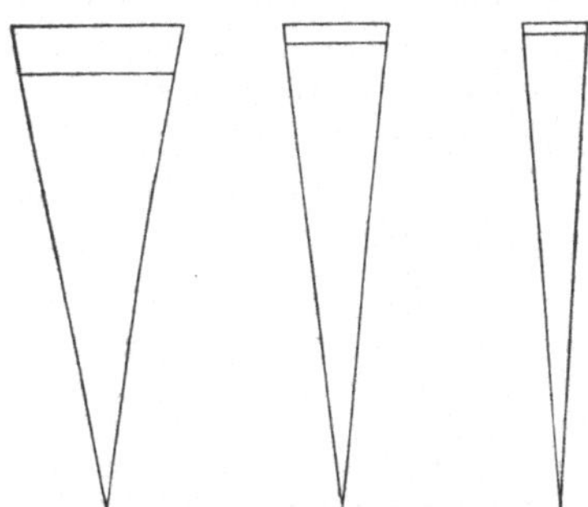

Abb. 12. Verschiedene Sektoren aus Kreuzspinnennetzen mit ihren äußersten Segmenten. Die Figuren wurden auf Grund der Daten jeweils einiger weniger benachbarter Sektoren, also nach Mittelwerten, konstruiert.

Fall. Wenn wir die hier obwaltenden Gesetzmäßigkeiten klarlegen wollen, so müssen wir von der Untersuchung der *äußersten* Sektorensegmente ausgehen, d. h. derjenigen Segmente, die von dem äußersten und dem zweitäußersten Umgang der Klebfäden begrenzt werden.

Das Verhältnis von Höhe und Breite dieser Segmente ist in den verschiedenen Netzen sehr unterschiedlich. Eine Regel erkennen wir aber, wenn wir ganze Sektoren mit ihren äußersten Segmenten aus verschiedenen Netzen miteinander vergleichen (Abb. 12)[1]. Wir sehen dann nämlich, *daß die Segmente um so schmaler sind, je kleiner die zugehörigen Winkel sind.* Diese Feststellung legt uns die Aufgabe nahe, die Beziehungen zwischen der relativen Höhe der Segmente und der Winkelgröße einmal genauer zu studieren.

Zu dem Zweck habe ich eine Anzahl Netze adulter Kreuzspinnenweibchen ausgemessen. Und zwar wurden folgende Längen gemessen: Zunächst die Breite b (s. Abb. 1) des äußersten Segmentes, dann seine Höhe a und schließlich die Entfernung c des äußersten Fadens vom Mittel-

---

[1] Über die Konstruktion dieser Figuren siehe deren Unterschrift!

punkt der Netznabe[1]. Als Instrumente dienten ein Zirkel und ein in halbe Millimeter unterteilter Maßstab. Die Zehntelmillimeter wurden abgeschätzt, jedoch nur bei der Messung von a und b; denn c kann nicht so exakt gemessen werden, weil der Mittelpunkt der Nabe ziemlich roh abgeschätzt werden muß.

Durch Division von a durch b wurde der *Segmentquotient* q_a erhalten, der uns ein Maß für die relative Höhe des Segmentes ist und durch Division von b durch c der *Sektorenquotient* q_b, ein Maß für die auf andere Weise schwerer zu messende Winkelgröße. Diese Messungen und Berechnungen wurden jeweils für *alle* Sektoren eines Netzes durchgeführt, beginnend mit dem *untersten* Sektor, ringsum gehend und schließlich bei dem dem untersten Sektor rechts oder links benachbarten Sektor endend. In den Tabellen 1—3, in denen die Messungen an 3 Netzen zusammengestellt sind[2], sind die vermessenen Sektoren fortlaufend numeriert; die jeweils obersten Sektoren der Netze sind durch ein o gekennzeichnet.

Waren die Netze irgendwo beschädigt, so daß die betreffenden Sektoren nicht mit vermessen werden konnten, so kommt das in den Tabellen durch Fehlen der Nummern zum Ausdruck. Außer diesen Sektoren blieben von der Berechnung der Quotienten solche mit gewissen Unregelmäßigkeiten und Anomalien in der Anordnung der Klebfäden ausgeschlossen. Das waren zunächst Sektoren mit Umkehrstellen[3], wie bei *1, 2* oder *3* in Abb. 1[4], dann auch diejenigen, bei denen einer der benachbarten Sektoren zwischen dem äußersten und dem drittäußersten Klebfaden eine Umkehrstelle hatte, wie bei *4* in Abb. 1[5]. Andere kleine Unregelmäßigkeiten, die weniger leicht zu definieren sind, wie bei *5* in Abb. 1, und die ebenfalls unberücksichtigt bleiben mußten, sind durch den Tabellen beigefügte kleine Skizzen gekennzeichnet. Irgendeine Auswahl der Netze wurde nicht getroffen, außer, daß besonders unregelmäßige und schon zu sehr zerstörte Netze nicht vermessen wurden. Als besonders unregelmäßig galten einige wenige Netze mit ganz anormalem Verlauf der peripheren Klebfäden oder starken Verbiegungen der Netzfläche, wie man solche gelegentlich, wohl infolge ungünstiger räumlicher Verhältnisse an der Baustelle, antrifft.

Die Messungen ermöglichen es, den vorhin aufgestellten Fragen näherzutreten. Wir wollen zunächst die Frage nach der Ähnlichkeit der Segmente in den verschiedenen Regionen ein und desselben Netzes untersuchen. Tragen wir die Quotienten der äußersten Segmente, beginnend mit dem untersten Sektor in der Reihenfolge ihrer Anordnung im Netz in ein Koordinatensystem ein, so beobachten wir im allgemeinen eine deutliche Tendenz zur Zunahme der relativen Höhe der Segmente vom unteren Netzteil zum oberen hin. Das läßt sich beispielsweise aus

---

[1] Um diese Messungen ungestört ausführen zu können, wurde die Spinne meistens vorher aus dem Netz entfernt.

[2] Es wird hier nur eine kleine Auswahl der Tabellen gegeben. Das vollständige Material liegt bei der Philosophischen und Naturwissenschaftlichen Fakultät in Münster i. W. und kann dort eingesehen werden.

[3] Siehe darüber oben S. 189. — [4] In den Tabellen mit u gekennzeichnet. — [5] In den Tabellen mit x gekennzeichnet.

Abb. 13 ersehen[1]. Dort ist auch die Kurve der Sektorenquotienten eingetragen. Wie man sieht, verlaufen die beiden Kurven ziemlich parallel, und mehr noch: sie scheinen dahin zu tendieren, sich zu decken.

Wie ich schon eingangs erwähnt habe, nimmt die Größe der Sektorenwinkel innerhalb der Netzfläche von unten nach oben zu. Es hat nun also den Anschein, als ob die relative Segmenthöhe — ausgedrückt durch den Segmentquotienten — der Winkelgröße — ausgedrückt durch den Sektorenquotienten — ungefähr entspreche, und daß *beide Quotienten von den unteren nach den oberen Sektoren hin in ähnlichem Maße zunehmen.* Allerdings liegen hier zunächst nur sehr grobe Übereinstimmungen vor, und es ist zu betonen, daß die in Abb. 13 dargestellten Kurven noch relativ günstige sind. Betrachten wir etwa Abb. 14, so sind die Divergenzen der beiden Kurven noch viel erheblicher. Aber eine einfache Überlegung zeigt, daß diese Abweichungen doch nicht sehr ins Gewicht fallen. Um das verständlich zu machen, muß ich nochmals auf meine früheren Beobachtungen über die Anordnung der Radialfäden hinweisen.

In der 2. Studie (S. 137 und 139) habe ich bereits auf gewisse Unregelmäßigkeiten in der Anordnung der Radialfäden aufmerksam gemacht. Es hatte sich gezeigt,

Abb. 13. Segmentquotienten (*a/b*) und Sektorenquotienten (*b/c*) eines Kreuzspinnennetzes (Nr. 3).

daß die Herstellungsweise des Netzes es mit sich bringt, daß unter gewissen, definierbaren Bedingungen anormal große Sektorenwinkel die Regelmäßigkeit der Anordnung stören. Die Quotientenkurven lehren nun, daß die größten Divergenzen vornehmlich an solchen Stellen liegen, wo ungewöhnlich große Winkel (also große Sektorenquotienten!) eingeschaltet sind. Da sich nun in solchen aus der Reihe fallenden anormal großen Sektoren die Klebfadenabstände offenbar nicht entsprechend vergrößern — den Grund werden wir gleich sehen — so müssen diesen besonders großen Sektorenquotienten natürlich besonders kleine Segmentquotienten zugeordnet sein. Entsprechendes gilt für die eingestreuten besonders kleinen Winkel, die aber sehr viel seltener vorkommen.

In diesem Zusammenhang sind die vorhin besprochenen Versuche über die Befestigung der Klebfäden wichtig. Diese hatten zwar ergeben, daß die Spinne dahin tendiert, von der Peripherie nach dem Zentrum hin Segmente von ähnlich bleibender Gestalt aneinander zu setzen. Darüber hinaus aber hatte sich gezeigt, daß auch eine Tendenz zur Anordnung der Klebfäden in regelmäßigem Ellipsenverlauf vorhanden ist, ja, daß diese letztere Tendenz jener ersten übergeordnet ist. Daraus erklärt es sich, daß die Spinne an einem einzelnen eingeschalteten anormal großen oder kleinen Sektor den Klebfaden so weiterführt, daß er sich in den regel-

---

[1] Hier sind die Quotienten nur der *einen Netzhälfte* eingetragen; die andere konnte nicht vermessen werden, weil sie zu stark beschädigt war.

mäßigen Verlauf der Ellipse einfügt, woraus sich dann eben jene großen Differenzen der Quotienten ergeben.

Aber auch bei Ausschluß dieser Abweichungen bleiben die Schwankungen der Quotienten doch sehr erheblich, so daß es zweckmäßig erscheint, ein größeres Material heranzuziehen und *Mittelwerte* festzustellen.

Es wurden 26 Netze adulter Kreuzspinnenweibchen mit insgesamt 511 verwertbaren Sektoren vermessen und ihre Quotienten berechnet. Um festzustellen, in welchem Grade die Segmentquotienten mit den Sektorenquotienten übereinstimmen, wurde der Segmentquotient jedes

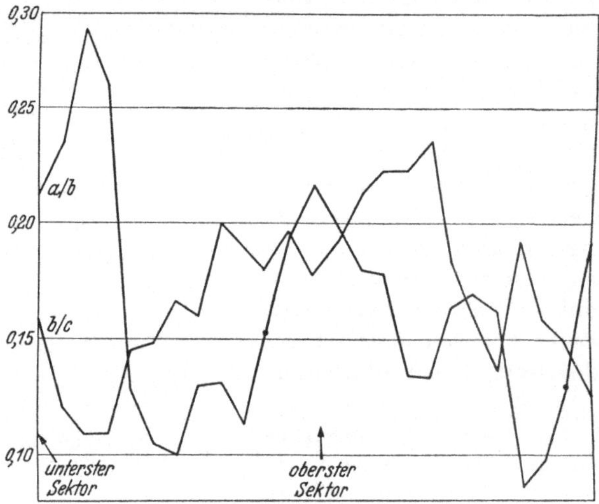

Abb. 14. Segmentquotienten (*a/b*) und Sektorenquotienten (*b/c*) eines Kreuzspinnennetzes (Nr. 5).

Sektores durch den zugeordneten Sektorenquotienten dividiert. Den neuen Quotienten nenne ich den *Grundquotienten Q*, Grundquotienten deshalb, weil er für die gesamte Feinstruktur des Netzes maßgeblich ist, wie noch gezeigt werden wird. Die Mittelwerte wurden für die Sektoren *jedes einzelnen Netzes* und dann auch für *alle Sektoren zusammen* berechnet. Dabei blieben aber aus den eben auseinandergesetzten Gründen die als unregelmäßig herausfallenden anormal großen und kleinen Sektoren unberücksichtigt.

Um überhaupt einmal eine Grenze zu haben und wenigstens die gröbsten Fehler zu vermeiden, galten als „anormal groß" diejenigen Sektoren, deren äußerster Abstand *b* länger war als 3/2 der halben Summe der Längen der beiden benachbarten Abstände *b* [1]. „Anormal klein" waren solche Sektoren, deren äußerster Abstand

---

[1] Oder der Hälfte des *einen* benachbarten Abstandes, wenn nur *ein* benachbarter Sektor herangezogen werden konnte.

kürzer war als 2/3 jener halben Summe [1]. Im ganzen fielen von 546 Sektoren 25 „zu große“ und 10 „zu kleine“ aus [2].

Die Messungen ergeben nun, daß die beiden Quotienten im Mittel tatsächlich sehr nahe beieinander liegen, denn es errechnet sich als Mittelwert für den Grundquotienten

$$Q_m = 1,09,$$

wobei die mittlere quadratische Abweichung nach der Gleichung

$$\sigma = \sqrt{\frac{\Sigma(Q_m - Q)^2}{n-1}}$$
$$\sigma = \pm\, 0,55.$$

Eine Anzahl Messungen sind in den Tabellen 1—3 zusammengestellt [3].

Die Mittelwerte der einzelnen Netze waren in 7 Fällen 1 oder sehr angenähert 1, nämlich:

in 2 Netzen . . 0,96
„ 1 Netz . . . 0,98
„ 1 „ . . . 1,00
„ 3 Netzen . . 1,04.

Tabelle 1. Aranea. Netz Nr. 2.

Nr.	b	a	a/b	c	b/c	Q	m—Q	(m—Q)²	Bemerkungen
1	19,0	6,5	0,337	152	0,125	2,69	1,60	2,5600	
2	20,1	5,2	0,259	152	0,132	1,96	0,87	0,7569	
3	22,0	6,1	0,277	145	0,152	1,82	0,73	0,5329	
4	19,5	4,9	0,251	143	0,136	1,85	0,76	0,5776	
5	18,0	3,8	0,211	142	0,127	1,66	0,57	0,3249	
6	19,5	3,9	0,200	138	0,141	1,42	0,33	0,1089	
7	(28,6	6,2)							x
8	22,2	5,2	0,234	127	0,175	1,34	0,25	0,0625	
9	20,1	5,0	0,249	125	0,161	1,55	0,46	0,2116	
10	25,6	5,0	0,195	125	0,205	0,95	0,14	0,0196	
11	21,7	7,2	0,332	125	0,174	1,91	0,82	0,6724	
12	18,5	8,1	0,438	128	0,145	3,02	2,93	8,5849	
21	(39,0	7,5)							
22	24,6	6,0	0,244	131	0,188	1,30	0,21	0,0441	
23	23,2	6,4	0,276	128	0,181	1,52	0,43	0,1849	
24	27,0	6,1	0,226	126	0,214	1,06	0,03	0,0009	
25	26,0	5,3	0,204	127	0,205	0,99	0,10	0,0100	
26	22,6	4,8	0,212	133	0,170	1,25	0,16	0,0256	
27	23,5	4,7	0,200	134	0,175	1.14	0,05	0,0025	
28	(39,3	5,6)							
29	20,6	5,4	0,262	140	0,147	1,78	0,69	0,4761	
30	19,5	5,9	0,303	147	0,133	2,28	1,19	1,4161	
31	18,0	4,7	0,261	152	0,118	2,21	1,12	1,2544	
32	17,1	5,9	0,345	154	0,111	3,11	2,02	4,0804	
	21,3	5,5	0,263	137	0,158	1,75			

[1] Oder, wenn nur ein benachbarter Sektor berücksichtigt werden konnte, kleiner als $^1/_3$ von dessen Länge.

[2] Ich habe vorhin schon erwähnt, daß extrem kleine Sektoren bedeutend seltener sind als extrem große. Schon aus diesem Grunde ist der Ausschluß der unregelmäßigen Sektoren geboten, weil sie sich nicht ausgleichen und den Mittelwert in verschiedenem Maße beeinflussen würden.

[3] In den Tabellen wird m statt Q_m geschrieben.

Tabelle 2. Aranea. Netz Nr. 5.

Nr.	b	a	a/b	c	b/c	Q	m—Q	(m—Q)²	Bemerkungen
1	35,6	7,5	0,211	224	0,159	1,33	0,24	0,0576	
3	26,0	6,1	0,235	215	0,121	1,94	0,85	0,7225	
4	23,2	6,6	0,284	212	0,109	2,61	1,52	2,3104	
5	22,8	5,9	0,259	209	0,109	2,38	1,29	1,6641	
6	(41,4	4,2)							
7	28,0	3,6	0,129	192	0,145	0,89	0,20	0,0400	
8	26,7	2,8	0,105	181	0,148	0,71	0,38	0,1444	
9	(49,0	3,0)							
10	28,0	2,8	0,100	169	0,166	0,60	0,49	0,2401	
11	24,7	8,2	0,130	154	0,160	0,81	0,28	0,0784	
12	30,6	4,0	0,131	154	0,200	0,66	0,43	0,1849	
13	40,7	4,6	0,113	167	0,244	0,46	0,63	0,3969	
14	(35,7	3,6)							u
15	29,0	4,4	0,152	161	0,180	0,84	0,25	0,0625	
16	31,7	6,1	0,192	162	0,196	0,98	0,11	0,0121	
17	(55,0	7,0)							
18	(31,3	4,4)							u　　o
19	29,2	6,3	0,216	165	0,177	1,22	0,13	0,0169	
20	31,3	6,2	0,198	164	0,191	1,04	0,05	0,0025	
21	35,0	6,3	0,180	165	0,212	0,90	0,19	0,0361	
23	34,4	6,1	0,177	154	0,223	0,79	0,30	0,0900	
24	(57,2	5,3)							
25	32,8	4,4	0,134	147	0,223	0,60	0,49	0,2401	33 nicht berücksichtigt,
26	36,0	4,8	0,133	153	0,235	0,57	0,52	0,2704	vgl. Skizze[1]
27	29,5	4,8	0,163	160	0,184	0,89	0,20	0,0400	
28	26,7	4,5	0,169	168	0,159	1,06	0,03	0,0009	
29	23,6	3,8	0,161	173	0,136	1,18	0,09	0,0081	
30	34,9	3,0	0,086	182	0,192	0,45	0,64	0,4096	
31	30,5	3,0	0,098	192	0,159	0,62	0,47	0,2209	
32	29,5	3,8	0,129	198	0,149	0,87	0,22	0,0484	
33	(25,0	7,6)							
34	28,0	5,3	0,189	222	0,126	1,50	0,41	0,1681	
	29,9	4,8	0,163	178	0,172	1,04			

[1] Die Proportionen in diesen Skizzen stimmen nicht; vgl. dazu die in der Tabelle angegebenen Maße!

Die Mittelwerte der meisten anderen Netze waren ebenfalls nicht weit von 1 entfernt, wie folgende Zusammenstellung aller Werte zeigt:

Q	Anzahl der Netze		Q	Anzahl der Netze
0,72—0,87	5		1,36—1,51	1
0,88—1,03	7		1,52—1,67	0
1,04—1,19	9		1,68—1,83	2
1,20—1,35	2			

Endlich stimmen die Mittelwerte über *sämtliche* Sektorenquotienten und Segmentquotienten nahezu überein; sie sind nämlich

$$q_a = 0{,}196$$
$$\text{und } q_b = 0{,}198.$$

Somit erweist sich die Beziehung zwischen der Größe der Sektorenwinkel und dem Höhen-Breiten-Verhältnis der äußersten Segmente als sehr eng.

Tabelle 3. Aranea. Netz Nr. 14.

Nr.	b	a	a/b	c	b/c	Q	m—Q	(m—Q)²	Bemerkungen
1	42,6	5,3	0,124	187	0,238	0,52	0,57	0,3249	
2	40,2	4,9	0,122	183	0,220	0,55	0,54	0,2916	
5	25,3	4,8	0,190	164	0,154	1,23	0,14	0,0196	
6	30,5	5,6	0,184	155	0,197	0,93	0,16	0,0256	
7	25,6	5,2	0,203	147	0,174	1,11	0,02	0,0004	
10	28,8	5,7	0,198	134	0,215	0,92	0,17	0,0289	
11	35,1	7,0	0,199	140	0,250	0,88	0,21	0,0441	
12	29,1	6,6	0,227	142	0,205	1,11	0,02	0,0004	
13	41,3	5,7	0,138	146	0,283	0,49	0,60	0,3600	16 = oberster Sektor
14	35,8	7,0	0,193	156	0,229	0,84	0,25	0,0625	
15	42,0	9,4	0,224	156	0,269	0,83	0,26	0,0676	von 15 bis 18 die zweitäußersten
16	32,0	9,5	0,297	160	0,200	1,48	0,39	0,1521	Segmente vermessen, da der äußerste
17	38,4	10,3	0,268	160	0,240	1,12	0,03	0,0009	Klebfaden gänzlich unregelmäßig an-
18	39,7	9	0,227	160	0,248	0,92	0,17	0,0289	geordnet, wie Skizze:
19	47,2	10,5	0,222	164	0,288	0,77	0,32	0,1024	
20	38,7	7,9	0,204	158	0,245	0,83	0,26	0,0676	
21	34,5	7,1	0,206	154	0,224	0,92	0,17	0,0289	
22	29,8	6,5	0,218	153	0,195	1,12	0,03	0,0009	
23	39,5	6,1	0,154	150	0,263	0,58	0,51	0,2601	
24	26,7	6,1	0,228	152	0,176	1,29	0,20	0,0400	
25	24,5	5,0	0,204	152	0,161	1,27	0,18	0,0324	
26	(26,0	8,4)							
27	29,9	3,8	0,127	169	0,177	0,72	0,36	0,1296	
28	39,7	5,2	0,131	178	0,223	0,59	0,50	0,2500	
29	26,3	4,2	0,160	183	0,144	1,11	0,02	0,0004	
30	25,7	4,5	0,175	186	0,138	1,27	0,18	0,0324	
31	26,6	5,6	0,211	187	0,142	1,49	0,40	0,1600	
	33,7	6,5	0,193	161	0,212	0,96			

Und wir dürfen abschließend den Satz aufstellen, daß *die Spinne dahin tendiert, den Abstand der beiden äußersten Klebfäden eines Sektors so festzulegen, daß das Verhältnis der Höhe des Segmentes zu seiner Breite ungefähr das gleiche ist wie das Verhältnis eben dieser Breite zu der Entfernung des Segmentes vom Netzzentrum.*

Es interessiert jetzt natürlich die Frage, wie die mitunter beträchtlichen Abweichungen der mittleren Grundquotienten der einzelnen Netze vom Gesamtmittelwert zu erklären sind. Lassen sich diese Abweichungen irgendeiner Regel unterordnen? Das ist in der Tat möglich. Wir erkennen das, wenn wir die mittleren Grundquotienten mit den mittleren Sektorenquotienten in Beziehung setzen. Tragen wir erstere auf der Ordinate und letztere auf der Abszisse eines Koordinatennetzes auf (Abb. 15, es ist zunächst nur die linke Kurve zu beachten!), so zeigen die Grundquotienten die Tendenz, mit zunehmender Winkelgröße kleiner zu werden. Auch liegen diejenigen Grundquotienten, welche am nächsten bei *1* liegen, vornehmlich in einem mittleren Winkelbereich, während die größten und die kleinsten Grundquotienten den sehr kleinen bzw. sehr großen Sektorenquotienten zugeordnet sind. Ferner lehrt die Kurve, daß in den extremen Winkelbereichen die Grundquotienten den größten Schwankungen unterworfen sind. Letzteres zeigt sich natürlich auch dann, wenn wir statt der Grundquotienten die mittleren Segmentquotienten selbst mit den Sektorenquotienten in Beziehung setzen, wie in der graphischen Darstellung Abb. 16. Dort sind auch die mittleren

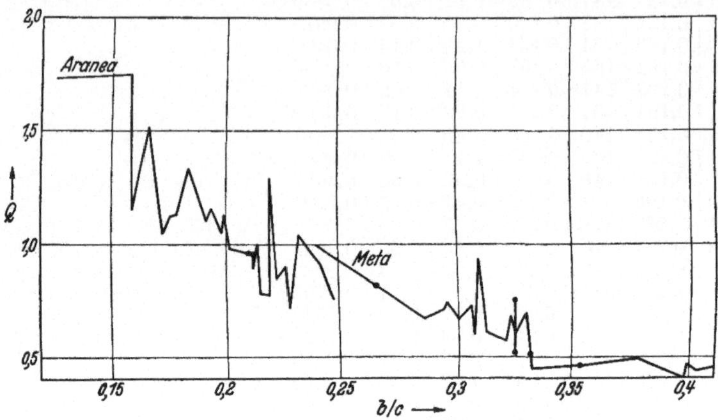

Abb. 15. Mittlere Grundquotienten (Q) der Kreuzsspinnennetze (links)
und der *Meta*-Netze (rechts) in Abhängigkeit von den mittleren Sektorenquotienten (b/c).

Abstände *a* der beiden äußersten Klebfäden eingetragen; sie scheinen mit zunehmender Winkelgröße größer zu werden.

Diese Befunde müssen hier zunächst auf sich beruhen bleiben. Sie sollen aber im nächsten Kapitel von einer neuen Seite her beleuchtet werden. Vorerst soll

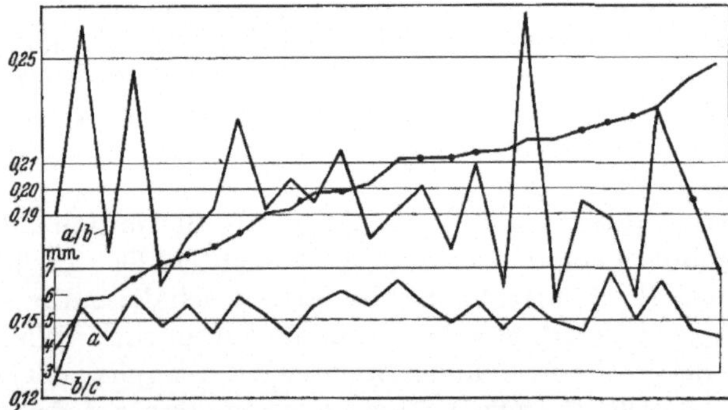

Abb. 16. Mittlere Segmentquotienten (a/b) und Sektorenquotienten (b/c) sowie mittlere
Abstände der äußersten Klebfäden (a) der Kreuzspinnennetze.

noch auf gewisse meiner früheren Beobachtungen hingewiesen werden. Wie ich in der 1. Studie nachgewiesen habe, bestehen Beziehungen zwischen der Netzgröße — bezogen auf die Größe der betreffenden Spinnenindividuen — und der Größe der Sektorenwinkel. Die Winkel sind regelmäßig um so kleiner, je größer das Netz im Verhältnis zur Größe der Spinne ist. Daraus ergibt sich, daß diejenigen Netze, die nach dem vorhin Gesagten einen extrem hohen oder extrem niedrigen Grundquotienten haben, vorzugsweise besonders große bzw. besonders kleine Netze sind. Eine weitere Ausdehnung der Untersuchungen, wie sie in Anbetracht des immer noch kleinen Beobachtungsmaterials geboten erscheint, müßte dieser Tatsache

Rechnung tragen. Es müßte also die Häufigkeit der verschiedenen Größenklassen der Netze genauer festgelegt werden, um größere Sicherheit darüber zu bekommen, daß diejenigen, deren Grundquotient in der Nähe von *1* liegt, tatsächlich die am *häufigsten* vorkommenden sind.

Meta reticulata. Die Ergebnisse am Kreuzspinnennetz legen die Frage nahe, ob in den Netzen anderer Spinnenarten die gleichen oder ähnliche Regeln die Anordnung der Fäden beherrschen. Unter Berücksichtigung der eben diskutierten Bedeutung der absoluten Winkelgröße werden wir zum Vergleich zweckmäßig solche Radnetztypen auswählen, die sich durch im Verhältnis zum Kreuzspinnennetz große oder kleine Winkel auszeichnen. Diese Bedingungen erfüllen die Netze von *Meta reticulata* bzw. *Zilla litterata.*

WIEHLE (1927) gibt die Anzahl der Radialfäden im Netz von *Meta reticulata* mit etwas über 20 an, so daß also der mittlere Sektorenwinkel ungefähr 18⁰ betragen würde. Dagegen errechnet sich aus den 511 Sektorenquotienten der Kreuzspinnen Netze, deren Mittelwert 0,198 beträgt, ein mittlerer Sektorenwinkel von angenähert 12⁰. Die Differenz der Sektorenwinkel beider Netztypen, die sich im übrigen nicht wesentlich unterscheiden, ist also sehr beträchtlich.

Die Messungen und Berechnungen im *Meta* -Netz wurden in ganz der gleichen Weise ausgeführt, wie es für das *Aranea* -Netz geschildert worden

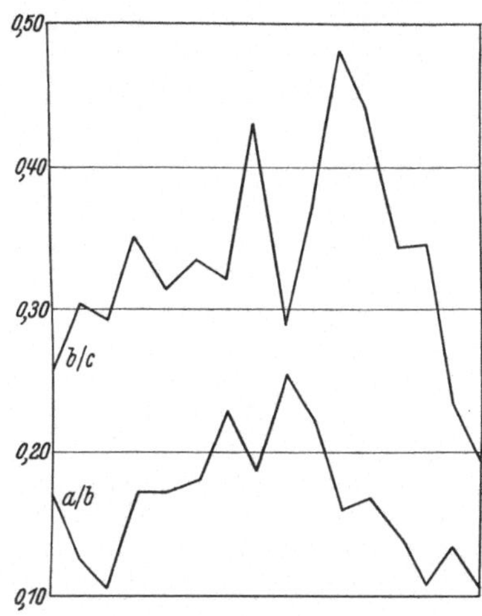

Abb. 17. Segmentquotienten (*a/b*) und Sektorenquotienten (*b/c*) eines *Meta*-Netzes (Nr. 17).

ist[1]. Insgesamt wurden 24 Netze adulter Weibchen vermessen, mit insgesamt 328 brauchbaren Sektoren[2].

Studieren wir zunächst wieder die Beziehungen zwischen den Segmentquotienten und den Sektorenquotienten ein und desselben Netzes, indem wir sie in ein Koordinatennetz eintragen (Abb. 17), so beobachten wir in der Regel eine deutliche Tendenz zur Parallelität der beiden Kurven. Im Unterschied zum Kreuzspinnennetz liegt aber die Kurve der Segmentquotienten beträchtlich *tiefer* als diejenige der Sektorenquotienten. Schon das zeigt an, daß der Grundquotient des *Meta*-Netzes von dem des Kreuzspinnennetzes verschieden ist. Er errechnet sich im Mittel aus sämtlichen 328 Sektoren mit

$$Q = 0,65 \pm 0,30.$$

---

[1] Jedoch wurde der Sektor, in dem der äußerste Umgang des Klebfadens *begann*, nicht berücksichtigt, weil dort das äußerste Segment meistens ganz unregelmäßig ist; vgl. Skizze zu Tabelle 5; der Klebfaden beginnt bei 14.

[2] Anmerkung bei der Korrektur: Einer von diesen 328 Sektoren, der unter die Ausscheidungsbedingungen fällt, ist versehentlich nicht ausgeschieden worden. Das Gesamtergebnis würde dadurch jedoch nicht merklich beeinflußt.

Eine Anzahl Messungen sind in den Tabellen 4—6 zusammengestellt:

Tabelle 4. Meta. Netz Nr. 2.

Nr.	b	a	a/b	c	b/c	Q	m—Q	(m—Q)²	Bemerkungen
1	31,4	5,0	0,159	116	0,271	0,59	0,06	0,0036	
2	23,8	5,9	0,248	120	0,198	1,25	0,60	0,3600	
3	36,6	5,7	0,156	120	0,305	0,51	0,14	0,0196	
4	31,8	5,7	0,179	117	0,272	0,66	0,01	0,0001	
5	31,0	5,1	0,165	111	0,280	0,59	0,06	0,0036	
6	30,3	5,0	0,165	107	0,283	0,58	0,07	0,0049	
7	29,2	4,5	0,154	101	0,290	0,54	0,11	0,0121	
8	(29,2	10,4)							x
9	27,3	8,2	0,300	96	0,284	1,06	0,41	0,1681	
10	23,7	5,5	0,232	92	0,258	0,90	0,25	0,0625	
11	21,4	4,9	0,229	89	0,240	0,95	0,30	0,0900	
12	(26,0	6,8)							x
13	(33,7	8,2)							x
14	(34,6	7,1)							u
15	28,3	9,5	0,336	93	0,304	1,11	0,46	0,2116	
16	(29,5	7,5)							u
17	31,0	9,6	0,310	112	0,277	1,12	0,47	0,2209	
18	29,9	6,2	0,207	116	0,258	0,80	0,15	0,0225	
19	37,0	5,7	0,154	118	0,314	0,49	0,16	0,0256	
20	31,2	5,3	0,170	119	0,262	0,65	0,00	0,0000	
21	21,5	4,6	0,214	114	0,189	1,13	0,48	0,2304	
22	24,1	5,1	0,212	113	0,213	1,00	0,35	0,1225	
	28,8	6,0	0,211	109	0,265	0,82			

Tabelle 5. Meta. Netz Nr. 8.

Nr.	b	a	a/b	c	b/c	Q	m—Q	(m—Q)²	Bemerkungen
1	(44	4,8)							
2	29,6	6,1	0,206	132	0,224	0,92	0,27	0,0729	
3	(40,2	3,9)							u
4	(29,3	8,2)							x
5	24,7	5,5	0.223	102	0,242	0,92	0,27	0,0729	
6	34,6	4,7	0,136	92	0,376	0,36	0,29	0,0841	
7	31,8	4,4	0,138	84	0,379	0,36	0,29	0,0841	
8	(15,8	4,5)							
9	28,1	5,3	0,189	86	0,327	0,58	0,07	0,0049	
10	27,6	7,5	0,272	92	0,300	0,91	0,26	0,0676	
11	28,3	7,2	0,254	96	0,295	0,86	0,21	0,0441	
12	(35,6	4,3)							u o
13	47,2	7,5	0,159	119	0,397	0,40	0,25	0,0625	14 und 15 nicht
16	33,9	5,5	0,162	113	0,300	0,54	0,11	0,0121	berücksichtigt,
17	31,0	5,0	0,161	112	0,277	0,58	0,07	0,0049	vgl. Skizze
18	35,2	4,8	0,136	118	0,298	0,46	0,19	0,0361	
19	44,0	5,2	0,118	130	0,338	0,35	0,30	0,0900	
20	41,1	6,2	0,151	142	0,290	0,52	0,13	0,0169	
21	36,4	6,9	0,188	146	0,250	0,75	0,10	0,0100	
	33,8	5,8	0,178	112	0,307	0,61			

Tabelle 6. Meta. Netz Nr. 17.

Nr.	b	a	a/b	c	b/c	Q	m—Q	$\Sigma(m-Q)^2$	Bemerkungen
1	33,8	5,7	0,169	131	0,258	0,66	0,01	0,0001	
2	39,4	4,9	0,126	129	0,305	0,41	0,24	0,0576	
3	(37,2	2,6)							u
4	30,0	3,2	0,107	102	0,294	0,40	0,25	0,0625	
5	(26,8	6,4)							x
6	32,4	5,6	0,173	92	0,352	0,49	0,16	0,0256	
7	27,1	4,7	0,173	86	0,315	0,55	0,10	0,0100	
8	28,2	5,1	0,181	84	0,336	0,54	0,11	0,0121	
9	27,4	6,3	0,230	85	0,322	0,71	0,06	0,0036	
10	35,7	6,7	0,188	83	0,430	0,44	0,21	0,0441	
11	23,6	6,0	0,254	81	0,291	0,87	0,22	0,0484	o
12	28,2	6,2	0,220	77	0,366	0,60	0,05	0,0025	
13	34,7	5,6	0,161	72	0,482	0,33	0,32	0,1024	
14	29,8	5,0	0,168	68	0,438	0,38	0,27	0,0729	
15	23,4	3,4	0,145	68	0,344	0,42	0,23	0,0529	
16	26,0	2,8	0,108	75	0,347	0,31	0,34	0,1156	
18	26,1	3,5	0,134	110	0,237	0,57	0,08	0,0064	
19	(27,6	4,5)							x
20	24,4	2,6	0,107	125	0,195	0,55	0,10	0,0100	
	29,4	4,8	0,165	92	0,332	0,51			

Bezüglich der Häufigkeit der mittleren Grundquotienten der einzelnen Netze gilt folgende Verteilung:

Q	Anzahl der Netze
0,4—0,5	7
0,5—0,6	3
0,6—0,7	7
0,7—0,8	4
0,8—0,99	3

Als Mittelwerte der Segmentquotienten und Sektorenquotienten ergeben sich

$$q_a = 0{,}196$$
$$\text{und } q_b = 0{,}322.$$

Der Segmentquotient ist also der gleiche wie im Aranea-Netz, während der Sektorenquotient das 1,6fache des Sektorenquotienten des Kreuzspinnennetzes beträgt.

Tragen wir nun wieder, wie es bei der Untersuchung des Kreuzspinnennetzes geschehen ist, die mittleren Sektorenquotienten und die mittleren Grundquotienten der verschiedenen *Meta*-Netze in ein Koordinatennetz ein (Abb. 15), so wirkt die Kurve wie eine direkte Fortsetzung der entsprechenden Kurve des *Aranea*-Netzes. In dem Winkelbereich um $b/c = 0{,}25$ beobachtet man in beiden Netztypen Grundquotienten, welche etwas unter 1 liegen. Bei der Kreuzspinne ist das Netz mit vergleichsweise großen, bei *Meta* solche mit relativ kleinen Winkeln. Wiederum ist mit der Zunahme der Winkelgrößen eine Tendenz zum Absinken der Grundquotienten zu beobachten, und wiederum läßt sich eine Häufung der Netze im mittleren Kurvenbereich beobachten.

Setzen wir wieder statt der Grundquotienten die mittleren Segmentquotienten der verschiedenen Netze miteinander in Beziehung (Abb. 18), so zeigt sich wieder die starke Schwankung der Segmentquotienten. An der Kurve der mittleren Abstände der äußersten Klebfäden *(a)* läßt sich eine schwache Tendenz zum Absinken nach rechts erkennen.

Zilla litterata. Es bleibt nun noch übrig, das Kreuzspinnennetz mit einem Netz mit kleinen Sektorenwinkeln zu vergleichen. Ich habe

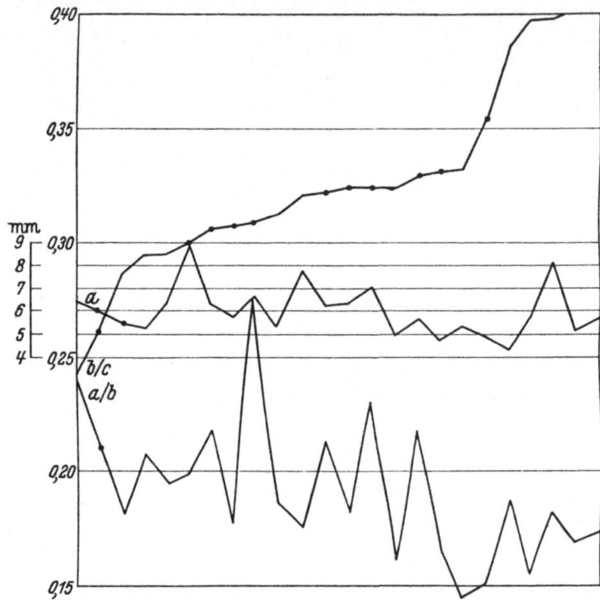

Abb. 18. Mittlere Segmentquotienten *(a/b)*, Sektorenquotienten *(b/c)* und Abstände der äußersten Klebfäden *(a)* der *Meta*-Netze.

oben schon das Netz von *Zilla litterata* als günstiges Vergleichsobjekt genannt.

Das Netz von *Zilla litterata* (vgl. Abb. 19) unterscheidet sich erheblich von den beiden besprochenen Netztypen. Es ist nämlich meistens sehr stark exzentrisch angelegt und hat in der Richtung zum Schlupfwinkel einen sog. „freien Sektor"[1]. Die Klebfäden umlaufen nicht in längeren Zügen die Nabe des Netzes, sondern füllen mit relativ kurzen hin und her pendelnden Stücken das Gerüstwerk aus. Die Regel, daß die Radialfäden im unteren Netzteil dichter stehen als im oberen, gilt ganz besonders für das *Zilla*-Netz. Aus den gleich zu besprechenden Messungen ergibt sich im unteren Netzteil ein mittlerer Sektorenwinkel von ungefähr 7⁰.

Wegen der geschilderten Eigentümlichkeiten des *Zilla*-Netzes ist es kaum möglich, über größere Bereiche zusammenhängender Sektoren einwandfreie

---

[1] Genaueres weiter unten, im III. Teil.

Messungen auszuführen. Ich habe daher stets nur Bereiche von 3—6 Sektoren, in denen die Anordnung der Fäden einen möglichst regelmäßigen Eindruck machte, zum Vermessen ausgewählt, und zwar stets aus dem unteren Netzteil. Im ganzen wurden 15 Netze ungefähr vom Typus des Netzes Abb. 19 (vgl. nämlich unten S. 253 f.) adulter oder fast adulter *Zilla*-Weibchen mit 74 Sektoren herangezogen [1]. Um die Genauigkeit der Messungen zu erhöhen — es handelt sich um sehr kleine Abstände der Klebfäden — wurde meistens nicht der Abstand des äußersten vom zweitäußersten Klebfaden gewählt, sondern derjenige vom dritt- oder viertäußersten und diese Strecke durch 2 bzw. 3 dividiert [2].

Obwohl das Beobachtungsmaterial noch *sehr* klein und unzureichend ist, sollen doch schon die Ergebnisse der Messungen mitgeteilt werden. Mittelwerte für die *einzelnen* Netzstellen wurden angesichts der Kleinheit des Materials nicht festgestellt. Über alle Sektoren *zusammen* ergaben sich als Mittelwerte des

Grundquotienten $Q = 2{,}24 \pm 1{,}06$
Segmentquotienten $q_a = 0{,}227$
Sektorenquotienten $q_b = 0{,}114$.

Die Messungen sind in Tabelle 7 zusammengestellt.

Der Grundquotient ist also bedeutend größer als der des Kreuzspinnennetzes und beträgt annähernd das Doppelte; die mittlere quadratische Abweichung ist ebenfalls sehr beträchtlich.

Abb. 19. Netz einer *Zilla litterata*. Erklärung im Text. Photographie.

Wenn wir uns noch einmal die Kurven Abb. 15 vor Augen führen, so scheinen sich die Grundquotienten des *Aranea*-Netzes im Bereich der sehr kleinen Winkel, wie sie für *Zilla* charakteristisch sind, den Werten des *Zilla*netzes zu nähern. Vermutlich wird sich bei weiteren Unter-

---

[1] Das waren *sämtliche* überhaupt vermessene Sektoren; eine Ausscheidung extrem großer oder kleiner Sektoren wurde also nicht vorgenommen, auch das Vorkommen von Umkehren war kein Ausscheidungsgrund. Es waren die ersten Messungen am Radnetz, wobei die Methodik noch nicht so verfeinert war.

[2] Diese Abstände sind ungefähr gleich. Als c wurde stets der Abstand des äußersten Klebfadens vom Mittelpunkt der Nabe genommen. Bei einigen im Anfang vorgenommenen Messungen von b und a wurde auf ganze oder halbe Millimeter gerundet.

Tabelle 7. Netze von *Zilla litterata*.

Nr.	b	a	a/b	c	b/c	Q	m—Q	(m—Q)²
1	9,5	2,17	0,232	39	0,244	0,95	1,29	1,6641
2	9,7	2,20	0,227	41	0,237	0,96	1,28	1,6384
3	7,5	3,50	0,467	43	0,187	2,50	0,26	0,0676
4	8,0	1,73	0,212	46	0,174	1,22	1,02	1,0404
5	15,0	1,45	0,097	78	0,192	0,51	1,73	2,9929
6	11,0	1,07	0,097	83	0,133	0,73	1,51	2,2801
7	11,0	1,02	0,093	89	0,124	0,75	1,49	2,2201
8	12,7	1,27	0,100	97	0,131	0,76	1,48	2,1904
9	10,8	1,57	0,145	101	0,107	1,36	0,88	0,7744
10	19,8	3,23	0,162	87	0,228	0,71	1,53	2,3409
11	13,6	3,67	0,270	94	0,145	1,86	0,38	0,1444
12	11,5	3,47	0,302	95	0,121	2,50	0,26	0,0676
13	10,0	3,70	0,370	97	0,103	3,59	1,35	1,8225
14	15,9	3,30	0,208	96	0,166	1,25	0,99	0,9801
15	21,0	3,17	0,151	163	0,129	1,26	0,98	0,9604
16	15,8	2,20	0,139	161	0,098	1,42	0,82	0,6724
17	24,0	2,57	0,107	160	0,150	0,71	1,53	2,3409
18	13,0	3,27	0,252	124	0,105	2,40	0,16	0,0256
19	12,0	3,27	0,272	125	0,096	2,83	0,59	0,3481
20	22,5	3,37	0,150	125	0,180	0,83	1,41	1,9881
21	18,0	3,67	0,204	124	0,145	1,41	0,83	0,6889
22	25,5	4,40	0,173	153	0,167	1,04	1,20	1,4400
23	18,0	4,25	0,236	154	0,117	2,02	0,22	0,0484
24	17,0	3,50	0,206	155	0,110	1,87	0,37	0,1369
25	14,0	3,50	0,250	158	0,089	2,81	0,57	0,3249
26	21,0	4,10	0,195	150	0,140	1,39	0,85	0,7225
27	20,0	3,60	0,180	140	0,143	1,26	0,98	0,9604
28	19,5	4,2	0,215	156	0,125	1,72	0,52	0,2704
29	19,3	5,2	0,269	159	0,121	2,22	0,02	0,0004
30	16,8	5,0	0,298	163	0,103	2,89	0,65	0,4225
31	15,0	5,6	0,373	165	0,091	4,10	1,86	3,4596
32	20,0	5,4	0,270	164	0,122	2,21	0,03	0,0009
33	15	3,60	0,240	126	0,119	2,02	0,22	0,0484
34	12,5	4,00	0,350	127	0,098	3,57	1,33	1,7689
35	15,8	3,75	0,237	134	0,118	2,01	0,23	0,0529
36	12,5	4,25	0,340	133	0,094	3,62	1,38	1,9044
37	18,9	3,75	0,198	133	0,142	1,39	0,85	0,7225
38	14,2	2,25	0,158	127	0,112	1,41	0,83	0,6889
39	13,5	2,55	0,189	127	0,106	1,78	0,46	0,2116
40	13,6	2,55	0,188	128	0,106	1,77	0,47	0,2209
41	12,2	2,25	0,184	127	0,096	1,92	0,32	0,1024
42	12,5	2,45	0,196	128	0,098	2,00	0,24	0,0576
43	12,2	2,45	0,201	107	0,114	1,76	0,48	0,2304
44	10,6	2,17	0,205	112	0,095	2,16	0,08	0,0064
45	11,1	2,40	0,216	112	0,099	2,18	0,06	0,0036
46	10,0	2,30	0,230	113	0,088	2,61	0,37	0,1369
47	12,1	3,05	0,252	120	0,101	2,49	0,25	0,0625
48	11,1	3,45	0,311	121	0,092	3,38	1,14	1,2996
49	11,8	3,05	0,258	125	0,094	2,74	0,50	0,2500
50	12,8	3,50	0,273	125	0,102	2,68	0,44	0,1936
51	9,0	3,30	0,367	125	0,072	5,10	2,86	8,1796
52	15,0	2,50	0,167	140	0,107	1,56	0,68	0,4624

Tabelle 7 (Fortsetzung).

Nr.	b	a	a/b	c	b/c	Q	m—Q	(m—Q)²
53	15,0	3,10	0,207	146	0,103	2,01	0,23	0,0529
54	11,5	3,25	0,282	147	0,078	3,61	1,37	1,8769
55	15,5	2,95	0,190	144	0,108	1,76	0,48	0,2304
56	12,3	3,00	0,244	145	0,085	2,87	0,63	0,3969
57	11,8	3,00	0,254	145	0,081	3,14	0,90	0,8100
58	12,8	3,00	0,234	147	0,087	2,69	0,45	0,2025
59	24	3,00	0,125	200	0,120	1,25	0,99	0,9801
60	18,0	3,57	0,198	213	0,085	2,33	0,09	0,0081
61	17,0	3,20	0,188	212	0,080	2,35	0,11	0,0121
62	15,2	2,43	0,160	209	0,073	2,19	0,05	0,0025
63	21,5	3,78	0,176	208	0,103	1,71	0,53	0,2809
64	12,8	3,00	0,234	170	0,075	3,12	0,88	0,7744
65	17,0	3,10	0,182	172	0,099	1,84	0,40	0,1600
66	11,8	2,25	0,191	177	0,067	2,85	0,61	0,3721
67	12,2	3,00	0,246	178	0,069	2,58	0,34	0,1156
68	12,9	3,50	0,271	182	0,071	3,82	1,58	2,4964
69	9,5	2,8	0,295	140	0,068	4,34	2,10	4,4100
70	10,0	2,9	0,290	140	0,071	4,08	1,84	3,3856
71	9,0	3,1	0,344	140	0,064	5,37	3,13	9,7969
72	9,9	2,9	0,293	140	0,071	4,13	1,89	3,5721
73	15,1	3,5	0,232	140	0,108	2,15	0,09	0,0081
74	11,2	3,0	0,268	140	0,080	3,35	1,11	1,2321

suchungen herausstellen, daß die Kurve des *Zilla*-Netzes diejenige des Kreuzspinnennetzes in ähnlicher Weise nach links fortsetzt, wie sie von der des *Meta*-Netzes nach rechts fortgeführt wird.

Zusammenfassung. Stellen wir nun zusammenfassend noch einmal die wichtigsten Ergebnisse der Messungen zusammen, so sind folgende Mittelwerte der Segmentquotienten und Sektorenquotienten festzuhalten:

	Segmentquotient	Sektorenquotient	Winkel
Meta reticulata . . .	0,196	0,322	18⁰
Aranea diadema . . .	0,196	0,198	12⁰
Zilla litterata	0,227	0,114	7⁰

Darauf, daß die äußersten Segmente des Kreuzspinnennetzes und des *Meta*-Netzes im Mittel die gleiche relative Breite besitzen, hatte ich schon aufmerksam gemacht. Ob die genaue Übereinstimmung zufällig ist, müßte noch eigens untersucht werden. Die Segmente im *Zilla*-Netz sind vergleichsweise etwas höher. Sehr auffällig ist, daß ihr Quotient fast genau das Doppelte des Sektorenquotienten beträgt. Leider liegen gerade vom *Zilla*-Netz noch besonders wenig Messungen vor, so daß auch in diesem Falle der Zufall noch nicht ausgeschlossen ist. Es liegt aber im Bereich des Möglichen, um es mit aller Vorsicht zu sagen, daß *Zilla* dahin tendiert, den Abstand der äußersten Klebfäden eines Sektors so

14*

festzulegen, daß das Verhältnis der Höhe zur Breite des Segmentes ungefähr das Doppelte des Verhältnisses jener Breite zur Entfernung des Segmentes von der Netznabe beträgt. Damit würde sich für das *Zilla*-Netz eine ähnlich einfache Grundregel ergeben wie für das Kreuzspinnen-Netz. Bezüglich des *Aranea*-Netzes hatte sich ja herausgestellt, daß die Spinne dahin tendiert, den Abstand der äußersten Fäden so einzurichten, daß jene beiden Verhältnisse ungefähr gleich sind.

Nicht so klar sind die Messungen am *Meta*-Netz zu beurteilen. Zwischen den Segmentquotienten und den Sektorenquotienten scheint keine einfache Beziehung zu bestehen, so daß wir uns vorläufig mit den zahlenmäßigen Befunden selbst begnügen müssen.

B. Die Anordnung der Klebfäden innerhalb der Netzfläche.

Aranea diadema. Wenn der Abstand der äußersten Klebfäden durch die geschilderten Beziehungen zwischen Winkelgröße und relativer Segmenthöhe festgelegt ist, so fragt es sich jetzt, von welchen Regeln die Anordnung der Klebfäden von der Peripherie nach dem Zentrum des Netzes hin beherrscht wird.

Zu dieser Frage gibt es in der Literatur nur sehr wenig Mitteilungen. Die meisten Angaben macht noch WIEHLE. Dieser Autor schreibt mit Bezug auf das *diadema*-Netz (1927, S. 492): „Die Fangfäden sind außen weiter gezogen, erreichen aber nach wenigen Umgängen eine mehr gleichmäßige Entfernung, die im Durchschnitt mit 3 mm angegeben werden kann. Das ist eine verhältnismäßig enge Stellung für ein Netz, bei dem der Fangbereich 30 cm Durchmesser hat, wo also jeder Sektor etwa 40 Fangfäden aufweist." In der Tat trifft man häufig Netze an, für welche die Angabe von WIEHLE zutrifft. Als Beispiel sei folgende Reihe der Fadenabstände[1] im oberen Teil des Netzes eines adulten *diadema*-Weibchens, von außen nach innen aufeinander folgend, angeführt:

$$10{,}2 \quad 7{,}5 \quad 6{,}4 \quad 5{,}3 \quad 5{,}0 \quad 4{,}9 \quad 3{,}6^x \quad 4{,}2 \quad 3{,}6 \quad 4{,}0 \quad 3{,}6 \quad 4{,}0.$$

Die zunächst sehr stark abfallenden Strecken bleiben ungefähr von x an ziemlich konstant, oder genauer: Sie schwanken um einen konstanten Mittelwert. Auffallend ist, daß die alleräußersten Abstände sich sehr viel stärker verringern als die dann immer weniger abnehmenden folgenden. Das ist aber keineswegs mehr überraschend, wenn wir uns an das erinnern, was in der Einleitung über die Gliederung der Netzfläche vermutet worden ist und was die Experimente dann ergeben haben: daß die Spinne nämlich von der Peripherie her, nach dem Zentrum fortschreitend, innerhalb gewisser Grenzen Segmente von ähnlich bleibender Gestalt aneinander setzt. Erst von dem Faden an, von dem ab die Abstände konstant bleiben, ändert sich die Form der Segmente; dieselben werden jetzt immer höher. Die Abb. 20 und 21 mögen das erläutern.

---

[1] Über die Meßtechnik siehe weiter unten!

Ich habe diese Gesetzmäßigkeiten zwar noch nicht quantitativ verfolgt, aber zu einer qualitativen Beurteilung kann doch schon eine Reihe von Messungen herangezogen werden.

Wenn die Anordnung der Klebfäden tatsächlich nach Maßgabe der Ähnlichkeit der Segmente erfolgt, dann muß aus geometrischen Gründen der Abfall der Klebfädenabstände um so steiler sein, *je größer der Sektorenwinkel ist*. Dieser Nachweis läßt sich leicht führen. Er gründet sich auf Messungen an Kreuzspinnennetzen.

Diese Messungen wurden folgendermaßen ausgeführt, wobei vorausge-

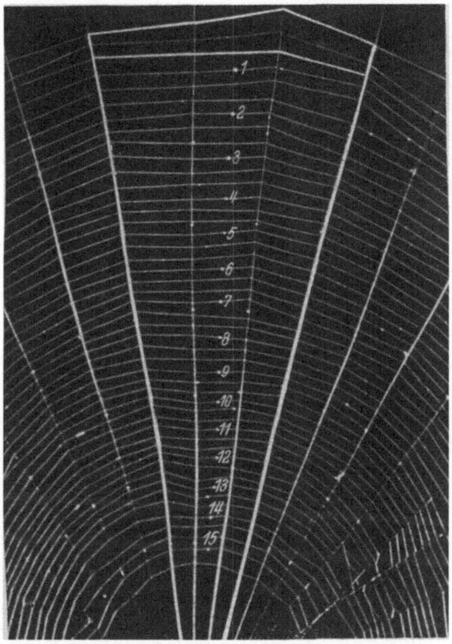

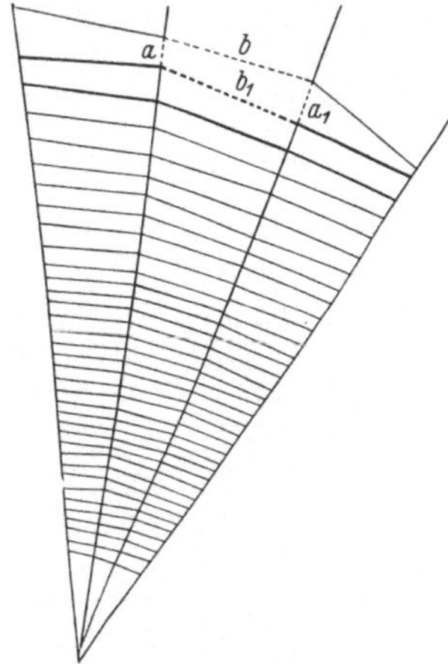

Abb. 20. Unterer Teil aus dem Netz einer älteren Kreuzspinne. Die vermessenen Ausschnitte stark umrandet. Erklärung im Text. Photographie.

Abb. 21. Ausschnitt aus dem oberen Teil des Netzes einer älteren Kreuzspinne. Erklärung im Text. Überzeichnete Photographie.

schickt werden soll, daß sie ausschließlich an Photographien vorgenommen wurden. Im oberen oder im unteren Netzteil wurde die Winkelgröße eines Bereiches von 3—5 möglichst gleich großen Sektoren gemessen und der mittlere Sektorenwinkel berechnet. Es wurden um so mehr Sektoren benutzt, je ungleichmäßiger die Winkelgrößen an der betreffenden Meßstelle waren. In einem von jenen Sektoren wurden dann die Abstände der Klebfäden längs der Winkelhalbierenden von der Peripherie nach dem Zentrum fortschreitend mit dem Zirkel gemessen, wobei stets *drei* Abstände als Einheit zusammengefaßt wurden (vgl. Abb. 20, Ziffern *1, 2, 3* . . .). Um die Messungen übersichtlicher ordnen zu können, wurden auch die Quotienten der äußersten Segmente festgestellt[1], und zwar das Mittel aus den Quotienten aller äußersten Segmente des vermessenen Netzbereiches[2].

---

[1] Aus äußeren Gründen wurden nicht die Quotienten a/b, sondern b/a gebildet.

[2] Wenn die äußersten Klebfäden einmal unregelmäßig angebracht waren, so wurde das Mittel aus den äußersten und den *zwei*äußersten (Abb. 20 stark umrahmt) oder auch *allein* den *zwei*äußersten (Abb. 21 stark umrahmt) Segmente der vermessenen Netzstelle als Quotient berechnet.

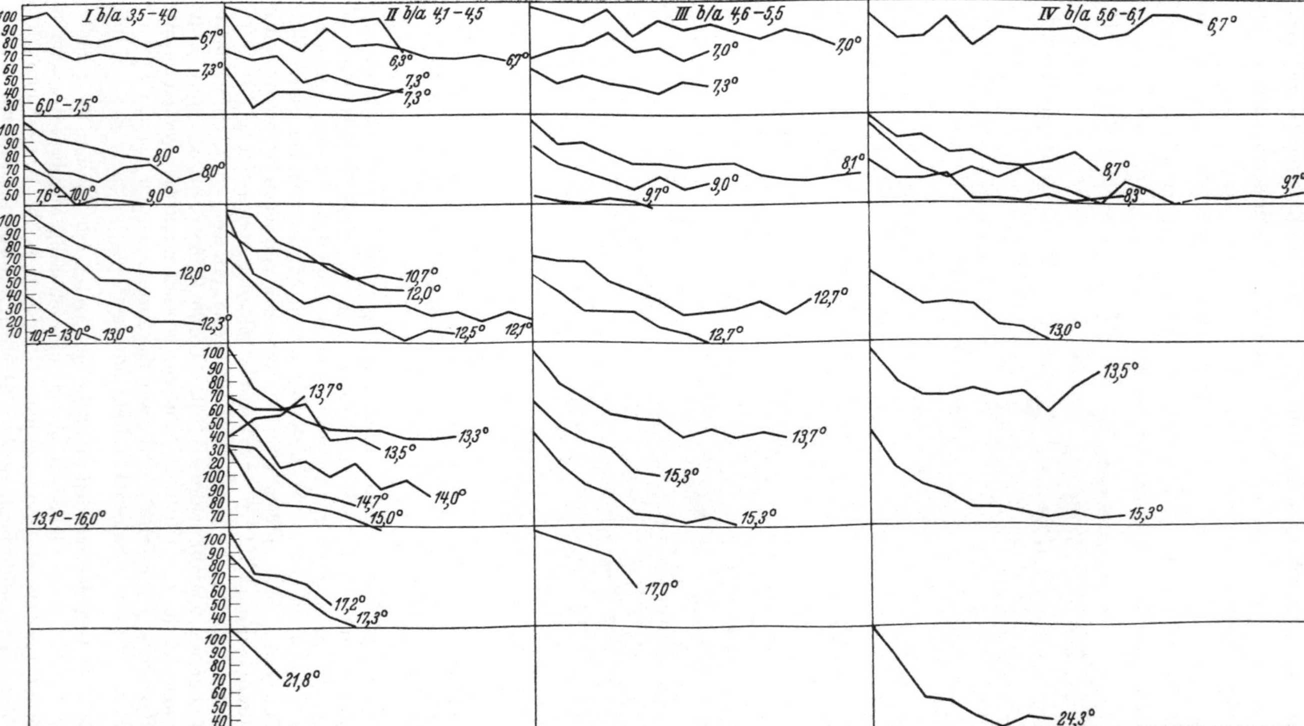

Abb. 22. Graphische Darstellung der Abhängigkeit der Klebfadenabstände von der Winkelgröße in den Kreuzspinnennetzen. Die einzelnen Abstände sind in der Reihenfolge, in der sie von der Peripherie nach dem Zentrum hin angeordnet waren, auf der Abszisse von links nach rechts abgetragen. Die Ordinate zeigt die Größe dieser Abstände, bezogen auf den jeweils ersten Abstand = 100. Em Ende der Kurven ist die Größe des Sektorenwinkels in dem jeweiligen Netzbereich angegeben.

Die Ergebnisse sind in Abb. 22 kurvenmäßig zusammengestellt. Sie sind in 4 Klassen eingeteilt, je nach der Größe der Segmentquotienten:

Klasse	Segmentquotient	Klasse	Segmentquotient
I	3,5—4,0	III	4,6—5,5
II	4,1—4,5	IV	5,6—6,1

Innerhalb jeder Klasse sind die Kurven von oben nach unten nach der Größe des mittleren Sektorenwinkels geordnet. Am Ende jeder Kurve ist die zugehörige Winkelgröße angegeben[1]. Die gemessenen Strecken waren alle auf den gleichen Maßstab gebracht worden; die jeweils äußerste Strecke ist = 100 gesetzt.

Die Kurven entsprechen durchaus der Erwartung: Sie zeigen die deutliche Tendenz, um so steiler abzufallen, je größer der zugehörige Sektorenwinkel ist. Eins jedoch ist besonders bemerkenswert. Eine beträchtliche Abnahme der Fadenabstände erfolgt erst von einer Winkelgröße an, die *mit Vorsicht* als in der Nähe von 8° liegend angegeben werden kann. Bei *kleineren* Winkeln verlaufen die Kurven horizontal oder fallen nur sehr wenig ab. An den Kurven in den Bereichen der größeren Winkel fällt auf, daß die längeren von ihnen, d. h. diejenigen, welche aus einer größeren Zahl von Abständen zusammengesetzt sind, ein mehr oder weniger horizontal verlaufendes Endstück haben. Dies und die Beobachtung, daß bei den kleinen Winkeln die Abstände Tendenz zur Konstanz zeigen, legt die Vermutung nahe, daß die Anordnung der Fäden nach Maßgabe der Ähnlichkeit der Segmente — die Tendenz zur Gestaltkonstanz, wie ich sie nennen möchte — nur dann in ihre Rechte tritt, wenn sie zur Überschreitung einer bestimmten absoluten Unterschiedsschwelle der Abstände benachbarter Klebfäden führt. Diese Schwelle, falls sie überhaupt Bedeutung hat, quantitativ festzulegen, muß späterer Arbeit vorbehalten bleiben. Doch soll im II. Teil noch einmal auf die sich hier anschließenden Fragen eingegangen werden.

Zilla litterata. An dieser Stelle möchte ich nun noch das Netz einer anderen Spinne zum Vergleich heranziehen, und zwar das von *Zilla litterata.* Wie oben gesagt, zeichnet sich dieses Netz durch sehr kleine Sektorenwinkel aus, wenigstens im unteren Netzteil. Ganz entsprechend den Befunden am *Aranea*-Netz sind die Abstände *in diesen* Bereichen ziemlich konstant. Das lehren die Kurven der Abb. 23, die in der gleichen Weise gewonnen wurden, wie es für das Kreuzspinnennetz beschrieben worden ist. Auch hier erfolgt in der Nähe von 8° ein Umschlag: in größeren Winkelbereichen verringern sich die Abstände zentralwärts ganz erheblich. Da sich die größeren Winkel im oberen Netzteil befinden,

---

[1] Die jeweils *letzte* (innerste) Strecke oder, wenn diese aus weniger als 3 Abständen bestand, die *beiden* letzten Strecken wurden in der Darstellung nicht berücksichtigt. Denn die innersten Umgänge erweitern sich meistens, aus besonderen Gründen, die oben schon auseinandergesetzt worden sind, plötzlich ganz beträchtlich.

herrscht im *Zilla*-Netz in der Regel im oberen und im unteren Netzteil keine Gleichförmigkeit bezüglich der Anordnung der Klebfäden; eine Beobachtung, die auch für das *Aranea*-Netz zutrifft, wenn auch in geringerem Maße, weil die Größendifferenz der Sektorenwinkel dort nicht so beträchtlich ist.

Hyptiotes paradoxus. Schließlich sei, wenigstens ganz flüchtig, noch das Netz von *Hyptiotes paradoxus* zum Vergleich herangezogen (Abb. 24).

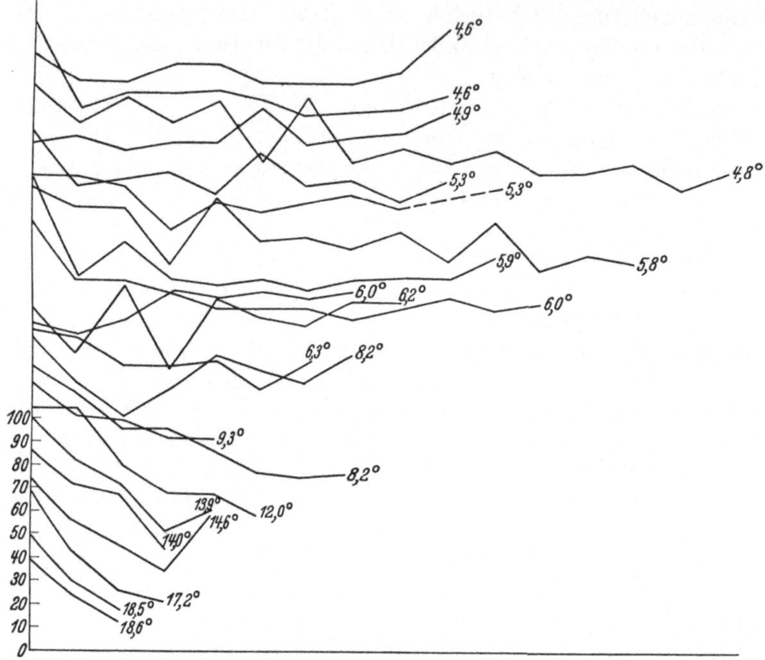

Abb. 23. Graphische Darstellung der Abhängigkeit der Klebfadenabstände von der Winkelgröße in Netzen von *Zilla litterata* (vgl. Abb. 22).

Dieser Netztypus stellt gleichsam einen Ausschnitt aus einem Radnetz dar. Das Netz hat nur 3 Sektoren. Nach meinen Messungen (PETERS 1938) beträgt der Sektorenwinkel im Mittel ungefähr 22°. Einem so großen Winkel müssen nach unseren bisherigen Erfahrungen sehr kleine Quotienten der äußersten Segmente zugeordnet sein. Und so sind denn auch die äußersten Segmente auffallend schmal. Der mittlere Quotient in dem in Abb. 24 dargestellten Netz ist beispielsweise ungefähr 0,1.

Verfolgen wir die Abstände der Klebfäden von der Peripherie nach der Nabe hin, so finden wir sie *nahezu konstant*. Die Regel der Gestaltkonstanz gilt also auch bei *großen* Sektorenwinkeln nicht mehr. Damit kommen wir abschließend zu dem Ergebnis, daß nur in einem *gewissen Winkelbereich* und nur bei einem *gewissen Höhen-Breiten-Verhältnis* der äußersten Segmente die von der Peripherie aus zentralwärts fortschreitenden Klebfädenabschnitte mit den Abschnitten der Radialfäden zu Segmenten verschmelzen, deren Form sich ähnlich bleibt, zu konstanten Gestalten. Unter anderen Strukturbedingungen bleiben die Radialfäden und die Klebfäden relativ selbständige Gebilde. Die hier obwaltenden Gesetzmäßigkeiten genauer zu erforschen, die Bedingungen schärfer zu fassen und an Hand eines größeren Materials zu sichern, muß späterer Arbeit vorbehalten bleiben. Hier sollte nur eine erste Orientierung gegeben werden[1].

a) Die periodischen Distanzänderungen.

Die Gesetzmäßigkeiten in der Anordnung der Klebfäden erschöpfen sich noch nicht in den aufgedeckten Beziehungen zwischen Sektorenwinkeln und Segmentquotienten. Die genauere Betrachtung des Kreuzspinnennetzes, beispielsweise an dem in Abb. 25 wiedergegebenen Ausschnitt, lehrt nämlich, daß die Klebfäden von der Peri

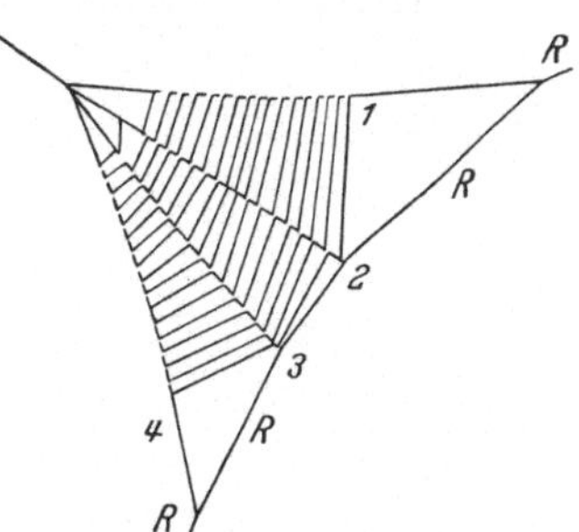

Abb. 24. Netz von *Hyptiotes paradoxus. R* Rahmenfaden, *S* Signalfaden, *1—4* Radialfäden. Überzeichnete Photographie.

pherie nach dem Zentrum hin ihre Abstände periodisch relativ vergrößern und wieder verringern. Wenigstens gilt das in der Regel für den mehr zentralen Netzteil. Diese Schwankungen sind der kontinuierlichen Abnahme der Distanzen gleichsam überlagert. Man findet diese Periodizität mit großer Regelmäßigkeit nicht nur im Netz der Kreuzspinne, sondern auch in den Netzen von *Zilla litterata* und *Meta reticulata*. Sie ist um so deutlicher, je *größer* die Sektorenwinkel des betreffenden Netzbereichs sind; bei *kleinen* Sektorenwinkeln kann sie überhaupt ganz verschwinden. So kommt es auch, daß jene Periodizität in den *oberen* Netzteilen, mit den größeren Sektorenwinkeln, viel stärker hervortritt als in den *unteren*, wo die Radialfäden ja dichter stehen.

So zeigt der Ausschnitt Abb. 25 mit einem mittleren Sektorenwinkel von 13,0° [2] die Erscheinung sehr deutlich. Dieser Ausschnitt stammt aus dem *oberen* Teil eines *diadema*-Netzes. Dagegen ist in dem Ausschnitt der Abb. 26 kaum etwas von den Distanzschwankungen zu sehen. Er stammt aus dem *unteren* Teil eines anderen Netzes, das die gleiche Spinne bald nach jenem gebaut hatte. Hier beträgt der mittlere Sektorenwinkel [3] nur 8,6°.

Zum Verständnis dieser Erscheinungen müssen wir die Anordnung der Klebfäden mit der Anordnung der Hilfsspirale in Beziehung setzen.

---

[1] Eine eingehende Analyse wird besonders auf die Bedeutung der relativen Segmentbreite (des äußersten Segments) zu achten haben. Es ist auf Grund gewisser Beobachtungen und Überlegungen zu erwarten, daß Verkleinerung der Segmentbreite ebenso zu Konstanz der Fadenabstände führt wie Verkleinerung des Winkels.

[2] Gemessen an den 6 obersten Sektoren.

[3] An den 6 untersten Sektoren gemessen.

Wie Abb. 25 zeigt, beginnen die Erweiterungen der Abstände — wenn
wir von der Peripherie nach dem Zentrum hin fortschreiten — jeweils
plötzlich mit dem letzten Fadenumgang vor demjenigen, der an die Stelle
der Hilfsspirale getreten ist. Von da an verringern sich die Abstände, bis
sie sich unmittelbar vor dem nächsten Umgang wieder erweitern. Nun
ist aber jener kritische Umgang des Klebfadens derjenige, bei dessen
Herstellung die Spinne den benachbarten Umgang der Hilfsspirale durch-

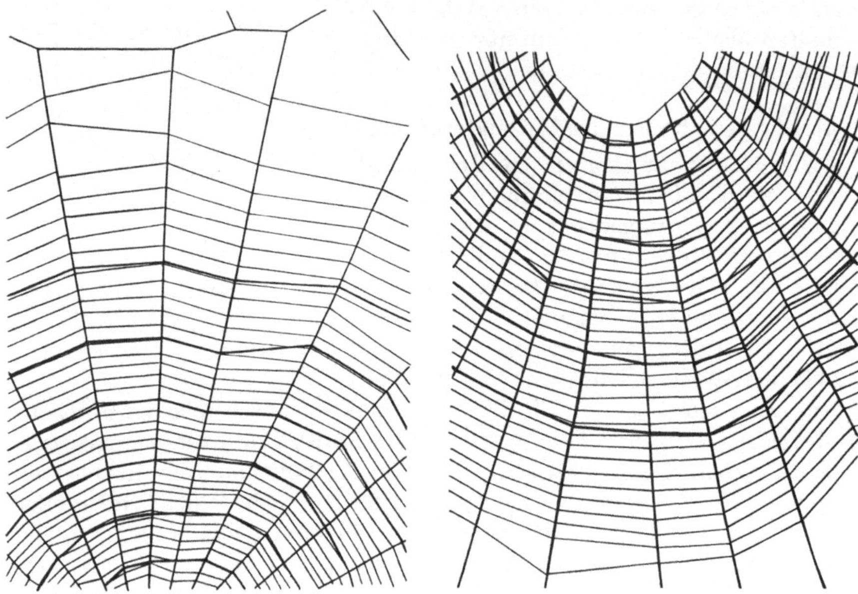

Abb. 25. Ausschnitt aus dem oberen Teil
des Netzes einer älteren Kreuzspinne. Dick
ausgezogen die Hilfsspirale. Erklärung im
Text. Überzeichnete Photographie.

Abb. 26. Ausschnitt aus dem unteren Teil des
Netzes einer älteren Kreuzspinne. Dick
ausgezogen die Hilfsspirale.
Überzeichnete Photographie.

beißt. Immer also, wenn sich die Spinne der Hilfsspirale auf ungefähr
einen Fadenabstand genähert hat[1], zerstört sie dieselbe. Das geschieht
jeweils nur in einigen wenigen aufeinanderfolgenden Sektoren. Dann hat
sich die Spinne nämlich, weil die Spirale der Klebfäden engere Touren
beschreibt als die Hilfsspirale (vgl. Abb. 27), schon wieder so weit von
dieser entfernt, daß sie erst beim nächsten oder übernächsten Umgang
den kritischen Abstand wiedergewinnt und das folgende Stück der Hilfsspirale zerstört. Wenn sie ein Stück der Hilfsspirale durchbeißt, benutzt
die Spinne in der betreffenden Netzregion den folgenden Umgang der
Hilfsspirale als Laufsteg von einem Radialfaden zum anderen, und das
so lange, bis sie sich ihm so sehr genähert hat, daß sie auch ihn zerstört
und dann den nächst inneren Umgang benutzt.

---

[1] Bei größeren Tieren ist der Abstand vielleicht etwas größer.

Fassen wir die von dem jeweils letzten Klebfadenstück, dem benachbarten Fadenstück der Hilfsspirale und den beiden Radialfadenabschnitten begrenzten Trapeze als Elemente der Netzfläche auf (Abb. 28a und b, dünn punktierte Flächen), so sehen wir diese Flächen mit dem Fortschreiten der Klebfäden gegen das Zentrum immer niedriger werden, bis sie sich im Augenblick der Zerstörung des betreffenden Abschnitts der Hilfsspirale plötzlich stark erhöhen. Dieser Erhöhung der Flächenstücke entspricht die *Erweiterung* des Klebfadenabstandes, der dann folgenden relativen *Verbreiterung* die immer stärkere *Abnahme* der Distanzen. Hier liegt ganz dieselbe Strukturabhängigkeit vor, wie sie uns die Untersuchung über die Beziehungen zwischen der Größe der Sektorenwinkel und dem Quotienten des äußersten Sektorensegmentes gezeigt haben. Dort hatte sich herausgestellt, daß die Spinne in einem *breiten* Sektor ein *schmales* äußerstes Sektorensegment herstellt und in einem *schmalen* Sektor ein *hohes*.

Es bleibt nun noch übrig, die Abhängigkeit der Anordnung der Klebfäden von der Hilfsspirale auch *im Experiment* darzutun. Der Versuch besteht darin, daß in einigen Sektoren die Hilfsspirale zerstört wird, *noch ehe* die Spinne sie selbst durchbeißt. Dann muß die Erweiterung des Fadenabstandes entsprechend verfrüht eintreten.

Ein solches Experiment mit einem adulten *diadema*-Weibchen ist in Abb. 29 dargestellt. Nach Herstellung des Umgangs *17* des Klebfadens wird der Umgang *4* der Hilfsspirale in den Sektoren *a*, *b*, *c* und *d* zerstört. Die Spinne benutzt also bei der Herstellung des nächsten Klebfadens (18) im kritischen Bereich den 3. Umgang der Hilfsspirale und vergrößert den Abstand des Klebfadens beträchtlich. Ähnliches sieht man auch zwischen den Fäden *21* und *22*. Diesmal war im Bereich der 4 Sektoren der 3. Umgang der Hilfsspirale zerstört worden, so daß die Spinne den 2. Umgang benutzen mußte[1].

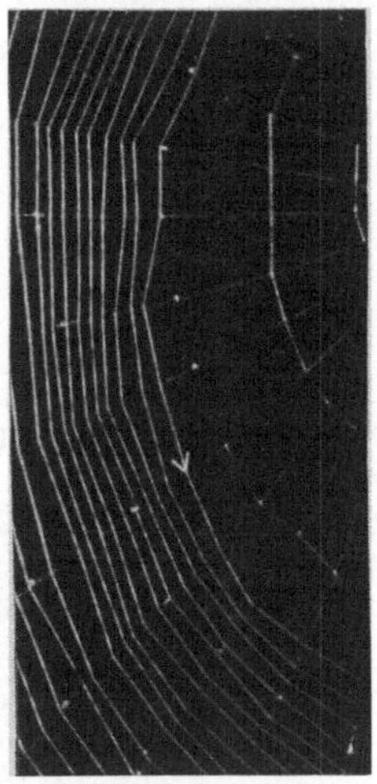

Abb. 27. Ausschnitt aus einem im Bau befindlichen Netz einer älteren Kreuzspinne. Der 3. Umgang der Hilfsspirale ist in einigen Sektoren bereits zerstört; man sieht die Fadenreste als kleine weiße Flecken an den Radialfäden. Photographie.

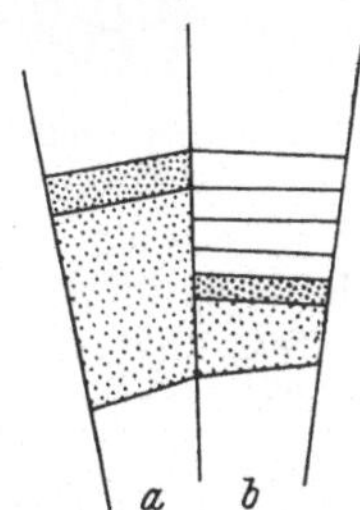

Abb. 28. Ausschnitt aus einem Kreuzspinnennetz. Dicht punktiert: Segmente, dünn punktiert: von Abschnitten der Hilfsspirale, Radialfäden und Klebfäden umgrenzte Flächenstücke. Weitere Erklärungen im Text.
Nach einer Photographie.

---

[1] Dagegen ist die anormale Anordnung des 23. und des 24. Fadens offenbar zufällig. Derartige Unregelmäßigkeiten beobachtet man auch sonst gelegentlich.

Von 9 anderen Versuchen an 7 Netzen 6 adulter *diadema*-Weibchen und einem
ungefähr halbwüchsigen Tier hatten 7 ein gleiches Resultat. In 2 von diesen
Experimenten habe ich die Hilfsspirale zerstört, als die Spinne noch sehr weit von
ihr entfernt war; denn sie hatte soeben erst den vorigen Umgang der Hilfsspirale
durchgebissen. Sie fand also besonders schmale Flächenelemente im kritischen
Bereich vor. Dementsprechend war in diesen Fällen das Ergebnis besonders deutlich. In 2 anderen Versuchen waren die Abstandsvergrößerungen so gering, daß
der Effekt nicht sicher ist. Bezeichnenderweise handelte es sich hier um Netzstellen mit sehr kleinen mittleren Sektorenwinkeln, nämlich 9,0°. Dagegen waren
die Winkel in den erfolgreichen Versuchen meist größer, nämlich

$$8,5° \quad 9,0° \quad 10,0° \quad 10,2° \quad 11,5° \quad 13,0°.$$

Im gleichen Sinne wie Kleinheit der Winkel wirkt offenbar auch Kleinheit der
Segmentquotienten im kritischen Bereich. Die mittleren Quotienten der letzten

Abb. 29. Ausschnitt aus dem Netz einer adulten Kreuzspinne. Erklärung im Text.
Photographie.

vor dem Eingriff hergestellten Segmente waren nämlich in den Versuchen mit
negativem Ausgang 2,4 und 3,8, während für die erfolgreichen Versuche bei gleicher
Winkelgröße (8,5 und 9,0°) die Quotienten 4,5, 4,6, 6,7 und 7,5 berechnet wurden.

b) Beziehungen zum Schwerefeld.

An dieser Stelle möchte ich die Erörterung gewisser Experimente
einschieben, die zwar zum Verständnis der Gliederung der Netzfläche
nichts beitragen können, die aber doch insofern in diesen Zusammenhang
gehören, als sie die Tätigkeit der Spinne bei der Herstellung des Netzes
von einer neuen Seite her beleuchten.

In meiner 2. Studie habe ich schon einmal Untersuchungen über die Beziehungen
des Netzes zum Schwerefeld angestellt. Die dort mitgeteilten Beobachtungen weisen
darauf hin, daß das Netz gleichsam einen Ausschnitt aus dem Schwerefeld darstellt.
Bei der Anordnung der Fäden im Raum benutzt die Spinne zur Orientierung die kin-
ästhetischen Wahrnehmungen, die bei der Bewegung in den verschiedenen Richtungen
relativ zur Richtung der Schwerkraft verschieden sind. Das Ergebnis kann sich vorerst besonders auf Experimente über die Anordnung der Hilfsspirale stützen. Die

Symmetrieachse des *Zilla*-Netzes (dessen Ebene jetzt der Einfachheit halber vertikal gedacht sei) kann in verschiedenem Grade gegen die Horizontale hin geneigt sein. Immer stimmt die Lage der Symmetrieachse der Hilfsspirale mit derjenigen des ganzen Netzes überein. Dreht man nun ein in einen Holzrahmen eingebautes, noch unvollendetes Netz in seiner Ebene um einen gewissen Winkel, so baut die Spinne die Hilfsspirale so ein, wie es der Lage des Netzes *vor* der Drehung entsprochen hätte. Das Tier trägt die Raumlage der Symmetrieachse des Netzes gleichsam als inneren Wegweiser in sich und orientiert daran und nicht an den bereits fertiggestellten Fäden des Netzgerüstes die Anordnung der Hilfsspirale. Zum genaueren Verständnis sei auf die ausführliche Schilderung in der 2. Studie selbst verwiesen.

Ich nehme die damals aufgeworfene Frage jetzt noch einmal auf. Denn wenn die Spinne die Hilfsspirale fertiggestellt hat und nunmehr die Klebfäden einsetzt, dann könnte sie wiederum die Richtung der Schwerkraft zur Orientierung benutzen. Wenn die Klebfadenumgänge einen typischen mehr oder weniger regelmäßigen Kurvenverlauf haben, so ist also die Frage die, woran dieser Verlauf orientiert ist. Außer der Richtung der Schwerkraft kommt noch ein anderer Wegweiser in Betracht. Wie beispielsweise die Abb. 2 zeigt, laufen die Umgänge der Klebfäden denen der Hilfsspirale mehr oder weniger parallel. Und so wäre es möglich, daß die Spinne beim Fixieren der Klebfäden einfach dem Verlauf der Hilfsspirale folgt[1]. Eine Entscheidung zwischen den beiden Möglichkeiten kann wieder das Drehexperiment herbeiführen. Diesmal wird das Netz aber erst *nach Fertigstellung der Hilfsspirale* gedreht, oder nachdem schon einige Klebfadenzüge hergestellt worden sind.

Als Versuchstier diente *Zilla litterata*. Die Netze waren von den Tieren in senkrecht aufgestellte Holzrahmen eingebaut worden. Der Drehwinkel betrug stets 90°.

1. Versuchsreihe. In einer ersten Versuchsreihe wurden die Netze *sofort* nach Fertigstellung der Hilfsspirale gedreht, *noch bevor also Klebfäden hergestellt worden waren.*

Ein Versuch mit einer halbwüchsigen *Zilla litterata* ist in Abb. 30 dargestellt. Durch die Drehung kommt der Schlupfwinkel von links oben nach links unten zu liegen. Nach Fertigstellung der Klebfäden läuft die Spinne mehrmals erregt in der Richtung zum Schlupfwinkel vor der Drehung, bis sie schließlich, am Rahmen entlang laufend, den Schlupfwinkel findet[2]. Sodann stellt die Spinne den freien Sektor mit dem Signalfaden her[3]. In der Abbildung ist der Verlauf der Hilfsspirale nachgezeichnet, soweit die Reste der durchbissenen Fäden auf der Photographie noch sichtbar waren. Wie man sieht, laufen die Klebfadenzüge den Zügen der Hilfsspirale keineswegs parallel. Wenn das Netz nicht gedreht worden wäre, wäre eine zur Linie *a* symmetrische Anordnung der Klebfäden zu erwarten gewesen. Genauer gesagt, die Klebfadenzüge hätten Bruchstücke (nämlich an der Peripherie des Netzes) oder vollständige Umgänge (zentral) einer Ellipse beschrieben, deren

---

[1] Daß die Hilfsspirale für die Orientierung der Klebfäden von Bedeutung ist, geht schon aus Experimenten von PETRUSEWICZOWA (1938) hervor. Vgl. auch das in Abb. 10 dargestellte Experiment. (Anmerkung nach Abschluß der Arbeit.)

[2] Vgl. 2. Studie S. 145ff. — [3] Siehe 2. Studie S. 148.

große Achse in der Richtung jener Linie gelegen hätte[1]. Hätte die Spinne den Verlauf der Klebfäden auf die Lage dieser Symmetrielinie im Raum bezogen, so wäre nach der Drehung ein zur Linie b symmetrischer Verlauf der Klebfäden beobachtet worden. Tatsächlich liegt aber die neue Symmetrielinie, die in der Abbildung mit c bezeichnet ist, zwischen den Linien a und b.

In 2 anderen Versuchen mit einem bald adulten Männchen und einem anderen Tier folgten die Klebfäden an der Peripherie des Netzes dem Verlauf der Hilfsfadenzüge. Mehr zentral aber wichen die Umgänge vom Verlauf der Hilfsspirale

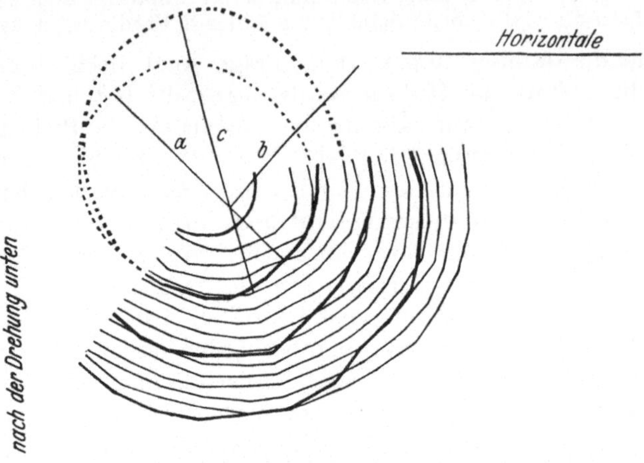

Abb. 30. Ausschnitt aus dem Netz einer *Zilla litterata*. Erklärung im Text. Anordnung und Verlauf der gestrichelten Ellipsen sind mit ziemlicher Unsicherheit behaftet. Nach einer Photographie.

sehr stark im Sinne der Raumlage des Netzes vor der Drehung ab, so daß die neue Symmetrielinie schließlich um ungefähr 45⁰ gegen die frühere Symmetrielinie verschoben war.

2. Versuchsreihe. In einer zweiten Versuchsreihe wurden die Netze erst gedreht, nachdem die Spinne *schon* mit der Herstellung der Klebfäden *begonnen hatte.*

Ein solches Experiment ist in Abb. 19 dargestellt. Das Netz wurde gedreht, als sich die Spinne bei x befand. Wie besonders die zentralen Klebfadenumgänge zeigen, weicht die Symmetrielinie der Klebfäden nach der Drehung um 90⁰ von derjenigen vor der Drehung ab. Die beiden Symmetrielinien sind wiederum in die Abbildung eingezeichnet[2].

---

[1] Anmerkung bei der Korrektur. Nach neuen Untersuchungen hätten die Symmetrielinien doch eine etwas andere Richtung. Das grundsätzliche Ergebnis der Bedeutung einer ideellen, an der Schwerkraftsrichtung orientierten Symmetrielinie bleibt aber bestehen. Die Interpretation der Versuche, auch der 2. Versuchsreihe, ist noch nicht völlig klar.

[2] Den nach Beendigung des Netzbaues hergestellten freien Sektor muß man sich noch mit Fäden ausgefüllt denken. — Die Symmetrielinien können nur *angenähert* richtig eingezeichnet werden.

Es wurden noch 7 andere Versuche mit halbwüchsigen bis adulten Tieren angestellt. Mit *einer* Ausnahme wurde stets eine bedeutende Verschiebung der Symmetrielinie im Sinne der Drehung beobachtet, und zwar in 4 Versuchen bis 90°. Jedoch wurde diese Verschiebung nicht immer in dem ganzen, bei der Drehung noch von Klebfäden freien Netzbereich festgestellt. Vielmehr kam es vor, daß die Klebfäden auch nach der Drehung an der Peripherie oder mehr im Zentrum des Netzes so befestigt wurden, daß sie den Fäden der Hilfsspirale parallel liefen. Nur in einem Versuch folgten die Klebfäden auch nach der Drehung von der Peripherie bis zum Zentrum der Hilfsspirale so, als wenn gar keine Drehung stattgefunden hätte.

Die Versuche führen uns zu dem Ergebnis, daß die Spinne den Verlauf der Klebfäden an jener sozusagen ideellen Symmetrielinie orientieren kann, welche zu Beginn des Netzbaues bestimmt und deren Lage im Raum dann gedächtnismäßig festgehalten wird. Jedoch zieht das Tier auch Daten des Netzes selbst zur Orientierung heran. Und offensichtlich ist es die Hilfsspirale, die durch den Verlauf ihrer Fäden den Verlauf auch der Klebfäden bestimmen kann. Im Experiment überwiegt bald die eine, bald die andere Tendenz, und häufig kommt es zu einem Kompromiß.

Das Resultat ist also ähnlich demjenigen der Versuche über die Anordnung der Hilfsspirale im Raum, die in der 2. Studie geschildert worden sind. Allerdings scheint die Spinne bei der Herstellung der Hilfsspirale die Daten des Netzes noch weniger zur Orientierung zu benutzen als es bei der Herstellung der Klebfäden der Fall ist.

Zusammenfassung und Ausblick.

Wenn wir das Ergebnis dieses ersten Teiles der Untersuchungen auf eine allgemeine Form bringen wollen, so ist zu sagen, daß die Spinne die Fäden nicht nach „absoluten" Maßstäben befestigt, sondern daß sie dieselben derart in innere Verbindung bringt, daß gewisse Formen resultieren, die in einfachen geometrischen Beziehungen zueinander stehen. Als diejenigen Flächenelemente, aus denen die Netzfläche aufgebaut ist, wurden zunächst die Sektorensegmente untersucht. Das sind die von zwei benachbarten Klebfadenabschnitten und den zugehörigen benachbarten Radialfadenstücken umschlossenen kleinen oblongen Rechtecke (genauer Trapeze). Experimentell hat sich nachweisen lassen, daß die Spinne innerhalb gewisser Grenzen von der Peripherie nach dem Zentrum fortschreitend Sektorensegmente von ähnlich bleibender Form aneinander setzt. Diese Form selbst ergibt sich aus der Größe der Sektorenwinkel. Die Spinne tendiert nämlich dahin, die Höhe der zu allererst herzustellenden, also der äußersten, Segmente so festzulegen, daß das Verhältnis der Höhe des Segmentes zu seiner Breite ungefähr das gleiche ist wie das Verhältnis eben dieser Breite zur Entfernung des äußersten Fadens vom Netzzentrum. Nennen wir jenes erste Verhältnis den „Segmentquotienten" und das zweite den „Sektorenquotienten", so haben beide angenähert den gleichen Mittelwert, nämlich 0,196 und 0,198. Das Verhältnis der beiden Quotienten für jeden einzelnen Sektor läßt sich durch den Grundquotienten ausdrücken, indem wir setzen:

$$\text{Grundquotient } (Q) = \frac{\text{Segmentquotient } (q_a)}{\text{Sektorenquotient } (q_b)},$$

wobei sich als Mittelwert ergibt

$$Q = 1{,}09$$

mit der mittleren quadratischen Abweichung

$$\sigma = \pm\, 0{,}55.$$

Ein Vergleich des Kreuzspinnennetzes mit den Netzen von *Meta reticulata* und *Zilla litterata* läßt eine bedeutende Abweichung der mittleren Grundquotienten erkennen; diese sind nämlich:

$$Q = 2{,}24 \pm 1{,}06 \; (Meta)$$
$$\text{und } Q = 0{,}65 \pm 0{,}30 \; (Zilla),$$

so daß die Fadenanordnung in diesen Netzen von keiner so einfachen Gesetzmäßigkeit beherrscht wird.

Die durch den Grundquotienten festgelegte Beziehung bestimmt also das Verhältnis von Höhe und Breite der äußersten Segmente, und es wurde eben schon gesagt, daß die Spinne dahin tendiert, von der Peripherie her zentralwärts Segmente aneinanderzusetzen, in denen jenes Verhältnis gewahrt bleibt. Wie weitere Messungen nun aber gezeigt haben, gilt das nur bis zu einer gewissen, noch nicht näher angebbaren Grenze; von da an ist Konstanz der Abstände zu beobachten. Ferner ist die Tendenz nur in einem bestimmten Winkelbereich wirksam. Die untere Grenze liegt bei ungefähr 8°; die obere ist noch nicht bestimmt worden. Außerhalb jenes Größenbereiches sind die Abstände der Klebfäden annähernd konstant, und zwar gleich dem Abstand des äußersten vom zweitäußersten Klebfaden, der ja durch jene Grundbeziehung bestimmt ist.

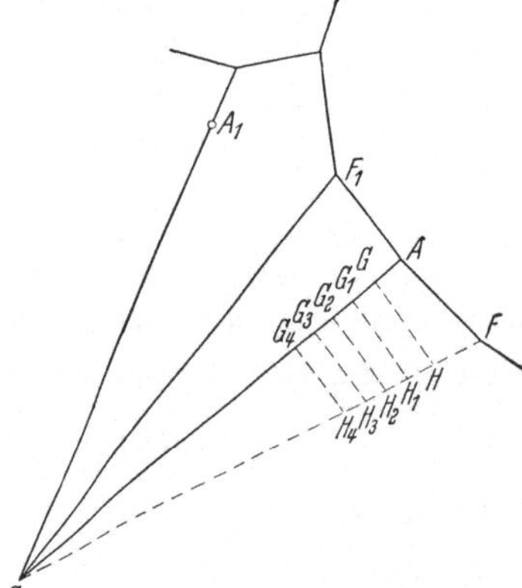

Abb. 31. Schematische Darstellung der Herstellung des Netzes. Erklärung im Text.

Die Gesetzmäßigkeiten werden weiter noch etwas kompliziert durch gewisse Abhängigkeiten der Klebfadenabstände von der Anordnung der Hilfsspirale, was jedoch keine grundsätzliche Bedeutung hat. Vielmehr lassen sich diese Abhängigkeiten selbst wieder auf die geschilderten tieferliegenden Eigentümlichkeiten der Gestaltungsweise zurückführen.

Wenn wir nun zum Schlusse die Ergebnisse noch einmal in einer Grundregel zusammenfassen wollen, uns dabei auf das Kreuzspinnennetz beschränkend, weil die Untersuchungen an den anderen Netztypen noch nicht weit genug vorgeschritten sind, so ist es die, daß die Spinne dahin tendiert, immer wieder die gleichen Proportionen zu realisieren. Ich möchte das an Hand von Abb. 31 noch einmal kurz vor Augen führen. Bekanntlich geht die Herstellung der Radialfäden so vor sich, daß die Spinne im Zentrum des Netzes (C) einen Faden fixiert, mit ihm zum Rahmen läuft (nach A) und ihn dort fixiert (bei F). Es macht keine Schwierigkeit, sich vorzustellen, daß die Spinne dabei das Verhältnis der Längen CA und AF wahrnimmt oder, falls sie einen Umweg machen muß, das etwa entsprechende Verhältnis CA_1/A_1F_1. Wenn sie dann die Herstellung der Radialfäden beendet hat und mit dem Einsetzen der Klebfäden beginnt, so bestimmt sie den Abstand dieser Fäden (CH und C_1H_1) nach dem gleichen Verhältnis, und indem sie die Fäden weiter nach dem Netzzentrum fortschreiten läßt, behält sie dieses Verhältnis bei (C_2H_2, C_3H_3 ....), wenigstens wenn gewisse, oben näher angegebene Strukturbedingungen erfüllt sind. Das jedenfalls ist *eine* Möglichkeit, wie man sich die Tätigkeit der Spinne vorstellen und eine Arbeitshypothese bilden kann, die als Grundlage für weitere Untersuchungen dienen mag.

II. Teil. Das Netz als harmonisches Gebilde.

1. Vorbemerkungen.

Die ästhetische Wirkung, welche das Radnetz mit seiner eigentümlichen Gestalt und Gliederung hervorbringt, hat seit je großes Interesse erweckt, und früher sah man in einem solchen Netz eine der schönsten Äußerungen des „Kunsttriebes" eines Tieres.

Ein mittlerer Bezirk enger Spiralwindungen, von einer von Spiralen freien, bald größeren, bald kleineren Zone umgeben, fügt sich harmonisch in die übrige Netzfläche ein. Diese selbst besteht aus zahlreichen in regelmäßiger und symmetrischer Anordnung ausstrahlenden Fäden, an denen in konzentrischen Ellipsen um den Mittelpunkt herum zahlreiche Querfäden befestigt sind. Im oberen Netzteil weiter voneinander entfernt, im unteren dichter zusammen, verringern diese Fäden ihre Abstände nach dem Zentrum hin bald mehr, bald weniger und gliedern die Netzfläche in ansprechender Weise auf.

Die Gesetzmäßigkeit all dieser Verhältnisse wird dem Betrachter nicht als solche bewußt. Und es mußten ja manche Überlegungen angestellt und viele Messungen durchgeführt werden, um sie überhaupt aufzudecken. Was aber die mühsame Analyse nur Schritt für Schritt als Gesetzmäßigkeit erkennt, tritt auf ganz ursprüngliche Weise in das Bewußtsein des noch unwissenden Beschauers. Mit einem Blick faßt er die Proportionen des Netzes auf und erlebt die Harmonie, in der sich das Ganze in seine Teile gliedert.

Jedoch, was „Harmonie" ist, was harmonische Gliederung der Netzfläche im naturwissenschaftlichen Sinn zu bedeuten hat, ist zunächst

noch eine offene Frage. Die Unterschiedlichkeit des subjektiven Auf-
fassens .und Erlebens macht hier bindende, allgemeingültige Aussagen
unmöglich. Daher muß es unser Bestreben sein, die Besonderheit des
Radnetzes als eines harmonischen Gebildes der Unsicherheit subjektiver
Beurteilung zu entziehen.

Wenn wir die ästhetische Wirkung des Radnetzes genauer studieren
wollen, empfiehlt es sich aus methodischen Gründen, nicht das ganze
komplizierte Gebilde, sondern einen Ausschnitt, allerdings einen wesentlichen Ausschnitt heranzuziehen und die Untersuchungen zunächst

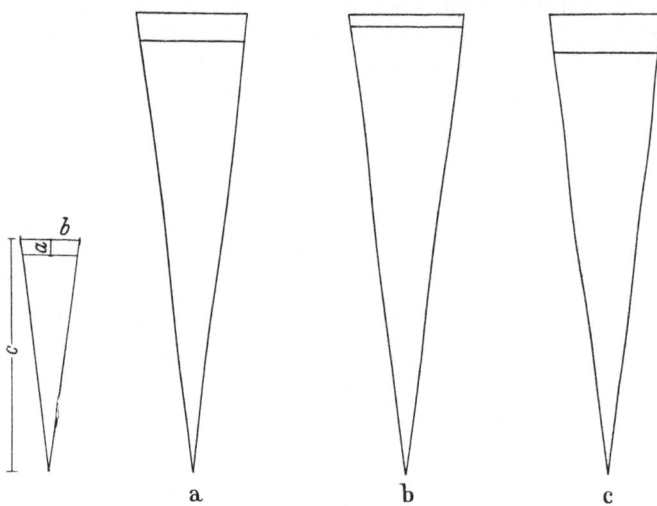

Abb. 32a—c. Drei Sektoren mit ihren äußersten Segmenten. ¹/₂ nat. Gr. An der linken,
kleinen Figur Erklärung der Bezeichnungen.

darauf zu beschränken. Ich wähle dazu den Sektor mit seinem äußersten
Segment.

Betrachten wir ein solches Gebilde, wie die Kreuzspinne es im Idealfall
produziert, nämlich nach der Proportion

$$a:b = b:c$$

(Abb. 32a) und vergleichen es mit anderen solchen Sektoren mit abweichenden Proportionen (32b und 32c), so scheint es sich durch einen höheren
Grad von Harmonie auszuzeichnen. In Fig. 32b erscheint das Segment
nämlich etwas zu niedrig und in Fig. 32c etwas zu hoch im Verhältnis zur
Größe des Winkels.

Die wahren Größenverhältnisse der Figuren sind diese:

	b	a	c	b	Segment-quotient	Sektoren-quotient[1]
32a	30	7,5	120	30	0,25	0,25
32b	30	3,3	120	30	0,11	0,25
32c	30	10	120	30	0,33	0,25

Naturgemäß ist die Gefahr der Selbsttäuschung bei der Beurteilung der Figuren groß. Es ist daher angebracht, sie von Versuchspersonen beurteilen zu lassen, deren Urteil frei von aller Beeinflussung ist.

2. Experimente zur Ästhetik des Radnetzes.

a) Von verschiedenen Figuren sind die wohlgefälligsten auszuwählen.

1. Versuchsreihe. Die in Abb. 32 dargestellten *3* Figuren wurden mit Bleistift auf je ein weißes Kartonblatt im Format 105 × 148 mm aufgezeichnet und zwar so, daß die Grundlinie des gleichschenkeligen Dreiecks den Schmalseiten des Kartons parallel lief. Die Blätter wurden so vor die Versuchspersonen auf den Tisch gelegt, daß die Spitzen der Dreiecke auf sie hin zeigten. Über den Sinn der Versuche erfuhren sie nur, daß es mir darauf ankäme, an Menschen gewonnenes Vergleichsmaterial „zur Sinneswahrnehmung der Tiere zu bekommen". Die Versuchspersonen, Männer und Frauen, gehörten den verschiedensten Ständen und Berufen an, unter ihnen waren zahlreiche Studenten. Auch einige Maler wurden zu diesen und den weiter unten beschriebenen Experimenten herangezogen. Doch zeigten ihre Urteile keine nennungswerten Unterschiede gegenüber denen der anderen Versuchspersonen, so daß die mit ihnen angestellten Versuche im folgenden nicht besonders hervorgehoben werden. Die Versuchspersonen wurden einzeln geprüft, und auch nach Beendigung der Experimente erfuhren sie vorläufig nichts über deren Sinn.

Nachdem die Figuren vor die Versuchspersonen hingelegt worden waren, wurde die Frage gestellt:

„Welche von diesen 3 Figuren wirkt auf Sie am wohlgefälligsten in den Proportionen?"

Nach Bezeichnung der wohlgefälligsten Figur begründete die Versuchsperson ihre Wahl in der Regel auf Aufforderung kurz, und dann

---

[1] Zur Erklärung dieser Bezeichnungen siehe I. Teil. Unter b wird hier jedoch die Länge der Grundlinie des Dreiecks verstanden; vgl. Abb. 1 und Abb. 32! — Auch in den allerersten Messungen am Netz, zur Zeit als die ästhetischen Experimente durchgeführt wurden, wurde als *b* die Länge genommen, wie sie hier gemeint ist. Um die Messungen zu verfeinern, wurde bei den Netzmessungen dann die neue Entfernung für *b* gewählt. Die Differenzen sind aber so gering, daß sie vernachlässigt werden dürfen.

mußte sie diejenige Figur angeben, die hinsichtlich der Wohlgefälligkeit an die zweite Stelle zu setzen wäre [1].

Im ganzen wurde mit 26 Versuchspersonen je ein Versuch angestellt. Die Ergebnisse sind in Tabelle 8 zusammengestellt.

Tabelle 8. Wahlversuche.

Bezeichnung der Figuren	32a	32b	32c	33a	33b	34a	34b
Häufigkeit der Wahl: an 1. Stelle . .	17[1]	1	8	19	6	24	1
an 2. Stelle . .	7	6	8	—	—	—	—

[1] 2mal unsicher, s. Protokoll.

Fig. 32a wird deutlich vor den anderen bevorzugt. Sie wurde 17mal als die wohlgefälligste ausgewählt[2], während Fig. 32c nur 8mal und Fig. 32b nur 1mal den ersten Platz erhielten. An den zweiten Platz wurde 32c am häufigsten gestellt (8mal), es folgt 32a (7mal), und 32b schneidet auch hier am schlechtesten ab (6mal gewählt).

Zur Begründung ihrer Wahl sagten die Versuchspersonen beispielsweise folgendes: „Könnte ein Gegenstand zur Zierde sein", „Weil das Verhältnis von Winkel und Breite des Kästchens irgendwie proportionierter erscheint", „Kann es nicht sagen. Wäre es eine Vase, so würde ich mir die kaufen". Oder ganz einfach, weil „schön in der Form".

Da die Aussagen der Versuchspersonen für die Beurteilung der Experimente wichtig sind, seien sie noch einmal in der folgenden tabellarischen Zusammenstellung nach dem Protokoll, in der Reihenfolge der Versuche, wiedergegeben.

Von Interesse ist die Beobachtung, daß gleich zu Beginn des Versuches Fig. 32b wiederholt als nicht in Betracht kommend ausgeschieden wurde. Eine eigentliche Konkurrenz kam, wenn überhaupt, vornehmlich zwischen den beiden anderen Figuren zustande. Das beweist, daß die 3 Figuren ästhetisch in sehr verschiedenem Grade wirksam sind. Die beiden konkurrierenden Figuren sind gerade diejenigen, die der *von der Spinne realisierten Proportion entsprechen* oder ihr am nächsten kommen; und die Reihenfolge der ästhetischen Beliebtheit der Figuren entspricht dem Grade, in welchem sie sich jener Proportion nähern.

Es könnte nun allerdings noch der wenig wahrscheinliche Einwand erhoben werden, die Versuchsperson fasse trotz der Instruktion die dargebotenen Figuren gar nicht als Ganze auf, sondern beurteile lediglich die Sektorensegmente für sich, losgelöst aus ihrem Zusammenhang mit dem Sektor. Um diesen Einwand zu entkräften, wurden die 3 Segmente, ganz so wie sie in den Figuren 32a und 32c enthalten sind, auf je einen Karton (105 × 148 mm) aufgezeichnet und einer Anzahl Versuchspersonen dargeboten, *noch bevor sie die Figuren 32a und 32c gesehen hatten.* Der Aufforderung, „die in den Proportionen wohlgefälligste auszuwählen", standen sie, wie zu erwarten, ziemlich ratlos gegenüber. Es entfielen auf alle Figuren ungefähr gleichviele Wahlen.

[1] In einigen Versuchen unterblieb die Aufforderung zur zweiten Wahl.

[2] In 2 Versuchen war die Wahl allerdings unsicher, vgl. Nr. 2 und 6 des nachfolgenden Protokollauszuges.

Zusammenfassend kommen wir also zu dem Ergebnis, daß die von der Spinne realisierte Proportion diejenige ist, die vor 2 nur wenig abweichenden anderen Proportionen von den Versuchspersonen als die wohlgefällige bevorzugt wird.

2. *Versuchsreihe.* Die erste Versuchsreihe galt der Untersuchung von Figuren mit mittelgroßen Sektorenwinkeln (14°), wie sie im Kreuzspinnennetz häufig sind. Nun hatten die Untersuchungen im I. Teil ergeben, daß in Netzen mit größeren oder kleineren Sektorenwinkeln die Fäden nach abweichenden Proportionen befestigt sind.

Lfd. Nr.	Ergebnis	Bemerkungen
1	1a[1] „schön in der Form". An 2. Stelle 1b, denn „das Schmale paßt so gut zu der spitzen Form"	1a *sogleich* als die wohlgefälligste bezeichnet
2	Nach längerer Betrachtung 1a gewählt, als Vp. dann nochmals die Figuren vergleicht, wird 1c bevorzugt. Aber auch diese wirkt nicht wohlgefällig, so daß Vp. spontan zwei Figuren (mit sehr breitem Segment) entwirft	
3	Nach längerer Betrachtung 1b ausgeschieden, dann 1a gewählt, jedoch nur schwach bevorzugt	
4	1c „weil es am besten die Länge der beiden Schenkel trägt". „Nähert sich am ehesten dem goldenen Schnitt"	Vp. ist Maler; die Heranziehung des goldenen Schnitts läßt auf Voreingenommenheit schließen
5	1a „könnte ein Gegenstand als Zierde sein". Nach längerer Betrachtung dann 1c an 2. Stelle	
6	Zunächst 1c „weil schönstes", 1a sei „auch sehr schön", „wirkt" sogar „angenehmer", aber 1c ist „richtiger". Dann wird doch 1a als schöner bezeichnet, nämlich „vom künstlerischen Standpunkt aus". Vom „technischen Standpunkt" aus wird 1c bevorzugt	Vp. ist Bastler
7	1a, „kann es nicht sagen", warum bevorzugt. „Wäre es eine Vase, so würde ich mir die kaufen"; dann 1c an 2. Stelle	
8	1c an 1. Stelle. An 2. Stelle 1a. „Das Kästchen paßt bei 1c besser zur ganzen Länge"	
9	Vp. legt die Figuren spontan quer vor sich hin. Nach längerer Betrachtung 1b	
10	1c, denn: „entsprechend zu dem großen Dreieck eine große Basis". An 2. Stelle 1a „aus demselben Grund"	
11	Nach längerer Betrachtung: „schwer zu sagen, diese (1b) auf keinen Fall". Dann 1a gewählt, „weil mir das Verhältnis von Winkel und Breite des Kästchens irgendwie proportionierter erscheint". An 2. Stelle 1c	
12	1c an 1. Stelle, an 2. Stelle 1a. 1c „am harmonischsten". 1b war nach kurzer Betrachtung ausgeschieden worden	
13	1a an 1. Stelle gewählt, an 2. Stelle 1b	
14	1b bald ausgeschieden, nach längerer Betrachtung 1a an 1. Stelle. Das Viereck „paßt besser"	

[1] Die Protokollbezeichnung der Figuren 32 war 1.

Fortsetzung siehe nächste Seite!

(Fortsetzung.)

Lfd. Nr.	Ergebnis	Bemerkungen
15	Vp. äußert spontan: „man *muß* wählen, sonst gefällt mir keine“, „dann schon“ 1a	
16	1c „zweifelsohne“ (nach kurzer Betrachtung), „Aufteilung harmonischer“. An 2. Stelle 1a	
17	Sehr bald 1a an 1. Stelle, an 2. Stelle 1b	
18	Nach längerer Betrachtung erst 1b, dann aber endgültig 1a bevorzugt und 1b an 2. Stelle	
19	1c, weil „harmonischer“, an 1. Stelle, an 2. Stelle 1a	
20	1c „wegen der Verteilung der Größen“ an 1. Stelle, an die 2. Stelle 1a	
21	1a, „man kann keinen richtigen Grund sehen“, weshalb diese Figur besser gefällt, „rein ästhetisch“. An 2. Stelle 1c	
22	1a, weil „das Verhältnis besser“, an 2. Stelle 1b	
23	1a, denn sie „wirkt am ruhigsten“. 1b, „feiner und leichter“ kommt an die 2. Stelle	
24	1c, an 2. Stelle 1a. 1c wirkt „fester“, „sympathischer“, 1a zu „zerbrechlich“	
25	1a, denn sie ist „ruhiger“, „harmonicher“. An 2. Stelle 1c	
26	1a an die 1. Stelle (keine Begründung verlangt)	

So ergaben die vorläufigen Messungen am Netz von *Zilla litterata*, daß der Segmentquotient im Mittel ungefähr doppelt so groß ist wie der Sektorenquotient, während im Netz von *Meta reticulata* die beiden mittleren Quotienten sich verhalten wie 0,6 : 1.

Es soll nun untersucht werden, wie Versuchspersonen Figuren beurteilen, die nach solchen abweichenden Proportionen konstruiert sind.

Versuchsreihe a. Das erste Figurenpaar (Abb. 33*a* und *b*) bestand aus 2 gleichschenkeligen Dreiecken, deren Grundlinie wieder 30 mm, deren Höhe aber nur 75 mm lang waren, so daß ein Winkel von 22° resultiert, wie er im *Meta*-Netz häufig ist. Die Größenverhältnisse der Figuren waren im einzelnen diese:

	b	a	c	b	Segment- quotient	Sektoren- quotient
33a	30	6	75	30	0,20	0,20
33b	30	12	75	30	0,40	0,40

Die Karten mit diesen Figuren wurden den Versuchspersonen im Anschluß an die schon geschilderten Experimente unter den bekannten Bedingungen vorgelegt.

Sie bevorzugten 19mal die Figur 33a und nur 6mal die Figur 33b (s. Tabelle 8). Sehr bezeichnend in diesen Versuchen war es, daß die Versuchspersonen die Figuren fast stets länger betrachteten als sie es der ersten Versuchsreihe getan hatten. 2 Versuchspersonen äußerten spontan: Die Wahl „ist manchmal gar nicht so einfach“ und: „da fällt's schon schwerer". Die ästhetische Eindringlichkeit der beiden Figuren ist offenbar nicht sehr unterschiedlich.

Von besonderem Interesse ist die Feststellung, daß die gleiche Proportion (Segmentquotient = Sektorenquotient, Fig. 33b), welche im Bereich eines Winkels von *mittlerer* Größe ästhetisch bevorzugt wird, in diesem Bereich eines *größeren* Winkels weit hinter jener anderen

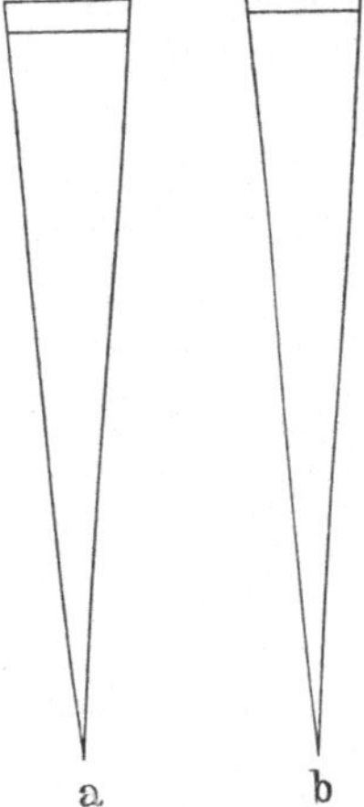
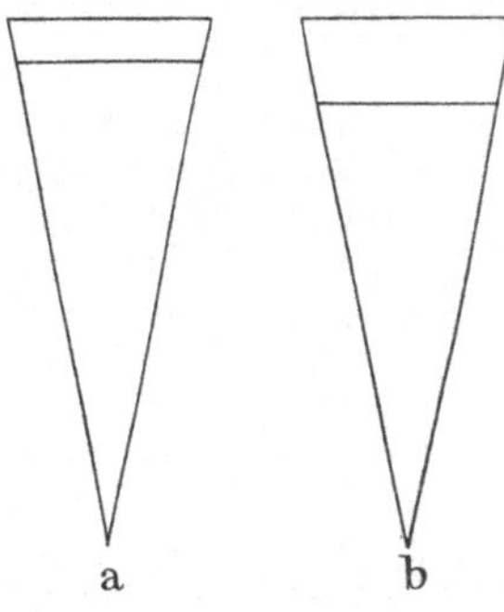
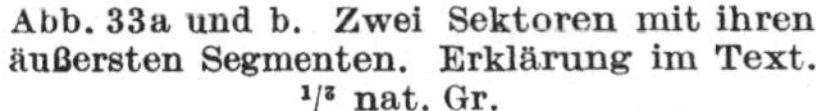

Abb. 33a und b. Zwei Sektoren mit ihren äußersten Segmenten. Erklärung im Text. ¹/₃ nat. Gr.

Abb. 34a und b. Zwei Sektoren mit ihren äußersten Segmenten. Erklärung im Text. ¹/₂ nat. Gr.

Propotion zurücksteht, welche der von *Meta* vorzugsweise realisierten näher kommt.

Versuchsreihe b. In Versuchen, die sich an die zuletzt geschilderten unmittelbar anschlossen, wurden 2 Dreiecke zur Wahl geboten, deren Höhen 120 mm betrugen bei einer Länge der Grundlinie von nur 17 mm (Abb. 34a und b). Die Größenverhältnisse waren im einzelnen folgende:

	b	a	c	b	Segment-quotient	Sektoren-quotient
34a	17	4,8	120	17	0,25	0,14
34b	17	2,4	120	17	0,14	0,14

Der Winkel betrug 9°.

24 Versuchspersonen wählten die Figur 34a und nur eine die Figur 34b als die wohlgefälligere. Die Wahl erfolgte auffallend schnell; die Figuren wurden nur einen Augenblick lang betrachtet. Offensichtlich ist die ästhetische Wirksamkeit derselben sehr verschieden groß.

Auch diesmal konkurrieren also 2 Figuren, von denen die eine nach der für das Kreuzspinnennetz gültigen Proportion konstruiert ist, während die andere der Proportion, wie sie *Zilla* produziert, nahe kommt. Und es zeigt sich, daß in diesem Bereich eines *kleinen* Winkels die einfache Proportion des Kreuzspinnennetzes mit größerem Winkel an

Wohlgefälligkeit ganz bedeutend hinter der, wie sie im *Zilla*-Netz vorkommt, zurücksteht.

Es liegt auf der Hand, daß auch dieser Versuchsreihe nur eine erste, orientierende Bedeutung zukommen kann. Es wäre dringend geboten, die Experimente weiter zu vermehren und zu variieren. Aber ich glaube doch schon jetzt die Hypothese aussprechen zu dürfen, daß die mannigfachen, von den jeweiligen Strukturbedingungen abhängigen Proportionen des Netzes gerade solchen nahe kommen, wie sie vom menschlichen Betrachter vor anderen, stärker abweichenden ästhetisch bevorzugt werden.

Die Feststellung, daß die ästhetische Wirkung gleichartiger Proportionen von der absoluten Winkelgröße abhängig ist, ist psychologisch schwer zu verstehen. Einer etwaigen speziellen Untersuchung könnte vielleicht eine Beobachtung dienlich sein, die ich zufällig machen konnte. Bei der Betrachtung verschiedener der vorhin beschriebenen Figuren äußerte nämlich eine Versuchsperson einmal spontan, zwei von den ihr vorgelegten seien in den Proportionen gleich; in Wirklichkeit jedoch waren die Proportionen sehr verschieden. Wir können uns die Verhältnisse klarmachen, wenn wir einmal die Figuren der Abb. 32 und 34 miteinander vergleichen. Ähnlich erscheinen dann etwa 32a und 34a, jedenfalls ist 34a der Figur 32a viel ähnlicher als es die Figur 34b ist. Nach den geometrischen Verhältnissen aber müßte gerade das Gegenteil der Fall sein. Denn danach müßten auch 32b und 34b sehr verschieden wirken, was nicht der Fall ist. Man entsinne sich der Segmentquotienten und der Sektorenquotienten:

	32 a	32 b	34 a	34 b
Segmentquotient	0,25	0,11	0,25	0,14
Sektorenquotient . . .	0,25	0,25	0,14	0,14

Geometrische Ähnlichkeit bedeutet also noch nicht Ähnlichkeit in der *Erscheinungsweise*, bekanntlich eine alte Erfahrung aus dem Studium der geometrisch-optischen Täuschungen.

Weitere Untersuchungen. Wenn die eine Versuchsperson diese, die andere jene Figur bevorzugt, so könnte es sich um charakteristische individuelle Unterschiede in der ästhetischen Auffassung handeln. Es wäre dann zu erwarten, daß die Versuchspersonen bei späteren Wiederholungen der Wahlen bei dem einmal gefällten Urteil blieben. Ich habe die Frage so untersucht, daß ich eine Anzahl Versuchspersonen

Tabelle 9. Wiederholungen der Wahlversuche.

Bezeichnung der Vp.	Figuren 32 a—32 c						Fig. 33 a und 33 b Wahl		Fig. 34 a und 34 b Wahl	
	an 1. Stelle Wahl			an 2. Stelle Wahl						
	1.	2.	3.	1.	2.	3.	1.	2.	1.	2.
Jö.	32 c	32 c	32 c	32 a	32 a	32 a	33 a	33 a	34 a	34 a
Schü.	32 c	32 c	32 a	32 a	32 a	32 c	33 a	33 a	34 a	34 a
Je.	32 a	32 a	—	32 c	32 c	—	33 a	33 a	34 a	34 a
Me.	32 a	32 b	—	32 b	32 a	—	33 a	33 a	34 a	34 b
E. Mü.	32 a	32 a	—	—	—	—	33 a	—	34 a	—
Bü.	32 c	32 c	—	32 a	32 a	—	33 a	33 b	34 a	34 a
Zi.	32 a	32 a	—	32 b	32 c	—	33 a	—	34 a	—

im Abstand von einigen Wochen bis zu einigen Monaten die Figuren noch einmal vorlegte, und zwar mit dem Bemerken, es handele sich um „ähnliche Figuren, wie die, welche sie bereits früher schon einmal gesehen hätten". Das Experiment wurde bis zu 2mal wiederholt. Die Ergebnisse sind in Tabelle 9 zusammengestellt.

Wie man sieht, beurteilen die Versuchspersonen die Figuren tatsächlich im allgemeinen stets in der gleichen Weise, wenn die geringe Zahl der Experimente überhaupt schon sichere Aussagen gestattet. Es wäre von Interesse, diese Dinge weiter zu verfolgen. Dabei wäre beispielsweise auch die Frage zu verfolgen, ob es auch bei den Spinnen Individuen gibt, die ein geringes Abweichen von der Grundgleichung vor der genauen Erfüllung derselben bevorzugen.

b) Die Herstellung von Sektorensegmenten durch die Versuchspersonen.

In den bisherigen Experimenten konnten die Versuchspersonen die ihnen wohlgefälligen Figuren nach Belieben auswählen. Es soll ihnen in dieser neuen Versuchsreihe die Möglichkeit gegeben werden, derartige Figuren nach Maßgabe der größten Wohlgefälligkeit *selbst zu entwerfen.*

Auf Kartonblätter (wieder 105×148 mm) wurden gleichschenkelige Dreiecke gezeichnet, deren Flächeninhalt von dem der bisher benutzten Figuren nicht sehr abwich. Doch war das Verhältnis von Höhe und Grundlinie dieser Dreiecke sehr verschieden, zwischen den Extremen 0,2 und 0,57 waren zahlreiche verschiedene Sektorenquotienten vertreten. Das Dreieck wurde der Versuchsperson im Anschluß an die früheren Experimente mit der Aufforderung vorgelegt: „*Zeichnen Sie hier hinein* — dabei wurde mit einem Bleistift irgendwohin in die Nähe der Grundlinie gezeigt — *(aus freier Hand) eine Linie, derart, daß eine Figur nach der Art der vorhin gezeigten entsteht, aber eine solche, deren Proportionen besonders wohlgefällig auf Sie wirken*".

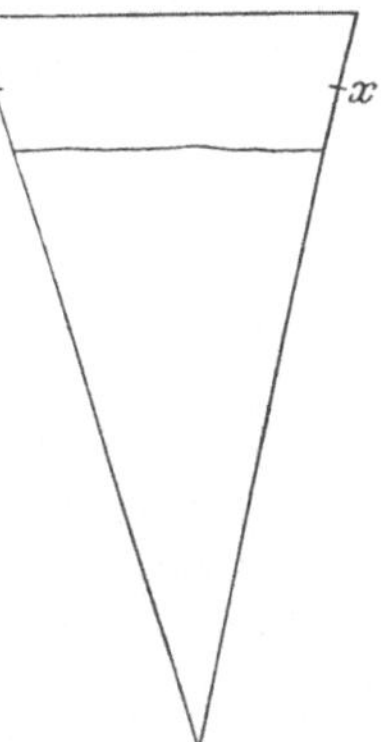

Abb. 35. Erklärung im Text. $^1/_2$ nat. Gr.

Dieser Versuch wurde im ganzen 32mal mit 12 Versuchspersonen angestellt. Auf jede Versuchsperson entfielen einige Figuren, und zwar mit verschieden großen Sektorenwinkeln.

Die Dreiecke wurden so hingelegt, daß die Spitze auf die Versuchsperson zeigte, und es wurde Sorge getragen, daß sie auch beim Zeichnen diese Stellung behielten. Nach der Herstellung der Linie wurde die Versuchsperson aufgefordert, die ganze Figur nochmals zu betrachten und wenn nötig, die Lage der Linie zu verbessern. Das geschah auch des öfteren.

Zur Auswertung der Versuche, von denen Abb. 35 ein Beispiel zeigt, wurden die Quotienten aus Grundlinie und Höhe der Dreiecke einerseits (Sektorenquotienten) und die Quotienten aus der Höhe und der mittleren Breite der Segmente andererseits (Segmentquotienten) berechnet[1].

---

[1] Unter der Höhe des Segmentes verstehe ich die Entfernung a der früheren Figuren, unter der mittleren Breite die Entfernung xx in Abb. 35. Diese Länge ist naturgemäß relativ kleiner als die der Grundlinie b, mit der bisher gerechnet wurde

Durch Division der Segmentquotienten durch die zugeordneten Sektorenquotienten erhält man den „Grundquotienten". Sektorenquotienten und Grundquotienten sind in Abb. 36 kurvenmäßig zusammengestellt.

Wie man sieht, fällt die Kurve der Grundquotienten nach rechts stark ab, d. h. mit wachsendem Sektorenquotienten (mit steigender Winkelgröße also) werden die Grundquotienten kleiner. *Das entspricht ganz den Ergebnissen der Wahlversuche.* Denn diese hatten zu der Feststellung geführt, daß bei kleinen Winkeln relativ hohe, bei größeren

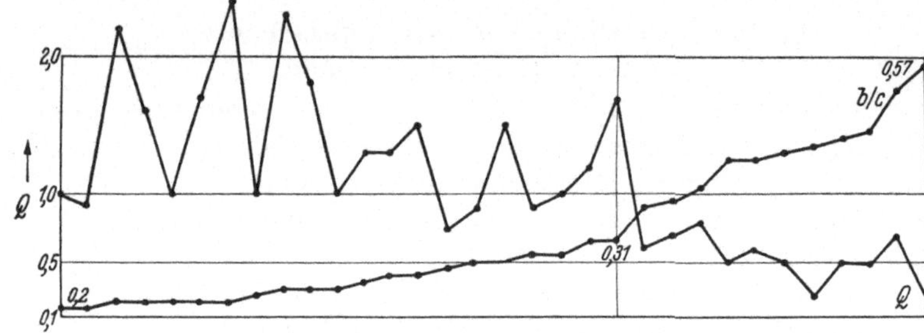

Abb. 36. Erklärung im Text.

Winkeln breitere Segmente bevorzugt werden. Die allgemeine Tendenz der Kurve entspricht aber auch der entsprechenden für die Spinnennetze konstruierten Kurve der Grundquotienten (Abb. 15 im I. Teil), wenn sie am linken Ende auch etwas höher reicht, nämlich über $Q = 2$ hinaus [1].

Sehr auffällig ist es, daß die Versuchspersonen im Bereich der größeren Winkel (b/c 0,2—0,31) in 21 Versuchen 5mal den Abstand so festlegten, daß $Q = 1$ resultierte, und daß in 7 weiteren Versuchen Q nahe bei 1 lag, wenn man einen Bereich zwischen 0,7 und 1,3 als nahe bei 1 bezeichnet. In diesen 12 Fällen sind also die beiden Quotienten gleich oder differieren nur wenig, so daß ähnliche Proportionen vorliegen, wie sie im Kreuzspinnennetz realisiert sind. Auffällig ist ferner auch, daß sich die Quotienten im Bereich der größeren Winkel (von $b/c = 0,31$ an) in ähnlicher Höhe halten wie die Quotienten im entsprechenden Winkelbereich der *Meta*-Netze. Von den 11 Quotienten liegen 5 zwischen 0,4 und 0,6, davon 3 genau bei 5. Von den 19 Quotienten der *Meta*-Netze liegen 13 in diesem Bereich, und 3 davon betragen fast genau 0,5 [2].

___

und entspricht dem b im I. Teil der Arbeit. Diese geringe und prinzipiell belanglose Abweichung erfolgte mit Rücksicht auf die mitunter sehr beträchtliche Höhe von Segmenten in großwinkeligen Sektoren (wie in Abb. 35). Da es ja auf die ganze Gestalt der Segmente ankommt, wird diese dann durch die mittlere Breite besser gekennzeichnet als durch die Länge der Grundlinie.

[1] Die Kurve Abb. 15 reicht allerdings links nicht ganz in den Bereich so kleiner Winkel wie jene andere.

[2] Ein zufälliger Fund gestattet mir, die experimentellen Erfahrungen über die ästhetische Wirkung der Proportionen des Spinnennetzes in willkommener Weise zu ergänzen. Ich konnte nämlich einige Häkelmuster (Vorlagen) untersuchen, die im wesentlichen aus in gleichen Winkelabständen ausstrahlenden Linien

c) Erörterung der Ergebnisse.

In der Gliederung des Radnetzes waren gewisse Gesetzmäßigkeiten entdeckt worden, und nun stellt sich heraus, daß Formen, denen diese Gesetze zugrunde liegen, gerade solche sind, oder solchen ähnlich sind, die sich durch Wohlgefälligkeit auszeichnen. Ob die Untersuchungen damit zur Annahme eines ästhetischen Empfindens auch der Spinne führen müssen, lasse ich dahingestellt. Wesentlich für das Verständnis der Formgestaltung des Radnetzes wäre ein solcher Nachweis jedenfalls nicht. Denn viel wichtiger als die Beantwortung dieser Frage der Vergleichenden Psychologie scheint es mir zu sein, daß wir hier auf die Spur offenbar sehr allgemeiner Gestaltungsgesetze geführt werden. Diese Gesetze müssen wir zunächst einfach als gegeben hinnehmen. Daß sie, in Erscheinung getreten, in einem wahrnehmenden Bewußtsein ästhetische Wirkungen hervorbringen, ist, wenigstens in biologischer Hinsicht, von nur sekundärer Bedeutung.

Aber vielleicht können die Experimente doch auch etwas zur psychologischen Ästhetik beitragen. Beschränken wir uns auf die Figur, wie sie dem Sektor des Kreuzspinnennetzes entspricht, weil allein in diesem Fall des Tatsachenmaterial zu genügend sicherer Beurteilung ausreicht, so lehren die Versuche, daß hier ein Gebilde vor anderen ähnlichen ästhetisch ausgezeichnet ist, das am einfachsten gegliedert ist, insofern Sektorenquotient und Segmentquotient übereinstimmen. Das stimmt zu Erfahrungen, wie sie etwa Fröbes in seinem „Lehrbuch der experimentellen Psychologie" zusammenstellt. Besonders werden wir erinnert an die ästhetische Wirkung von Teilungen nach dem goldenen Schnitt, insofern es sich bei dieser Proportion ebenfalls um Gleichheit von Verhältnissen handelt, wenn auch im übrigen bedeutsame Unterschiede bestehen. Auch der ästhetischen Wirkung einfacher Zahlenverhältnisse in Klängen wäre hier zu gedenken.

Ich möchte diese Ergebnisse nun noch von einer anderen Seite beleuchten und an neuen Beispielen auf die enge Verwandtschaft in der Gestaltungsweise von Spinne und Mensch hinweisen. Ich gehe dabei ganz kursorisch vor und bin mir bewußt, daß das Studium der herangezogenen Analogien noch sehr der Vertiefung bedarf.

3. Der Gestaltungszwang.

Wir können in der Gliederung des Netzes eine Tendenz zur einfachsten Ausgestaltung feststellen. Diese Feststellung soll nun noch etwas weiter verfolgt werden.

---

bestehen, die durch zahlreiche konzentrische Umgänge miteinander verbunden sind, also der Grundstruktur des Radnetzes. Die Beziehungen zwischen den Winkelabständen (die in den verschiedenen Mustern verschieden sind!) und den Abständen der Umgänge stimmen weitestgehend, auch zahlenmäßig, mit den am Netz aufgedeckten Gesetzmäßigkeiten überein. Der Künstler hatte hier natürlich vollkommen freie Gestaltungsmöglichkeit.

Wie im I. Teil eingehend beschrieben worden ist, stehen die Abstände
der Klebfäden von der Peripherie nach dem Zentrum hin in streng gesetzmäßigen Beziehungen zueinander. Bei kleinen Sektorenwinkeln (unter
etwa 8°) sind die Abstände konstant. Das ist der einfachste Fall. Bei
mittleren Sektorenwinkeln aber treten die Abschnitte der Radialfäden
und der Klebfäden ($a\,a_1$, $b\,b_1$, Abb. 21) zu Ganzen zusammen, und jetzt
bleiben nicht mehr die *Abstände* konstant, sondern — innerhalb gewisser
Grenzen — die *Proportionen* jener Ganzen. Also wiederum tendiert die

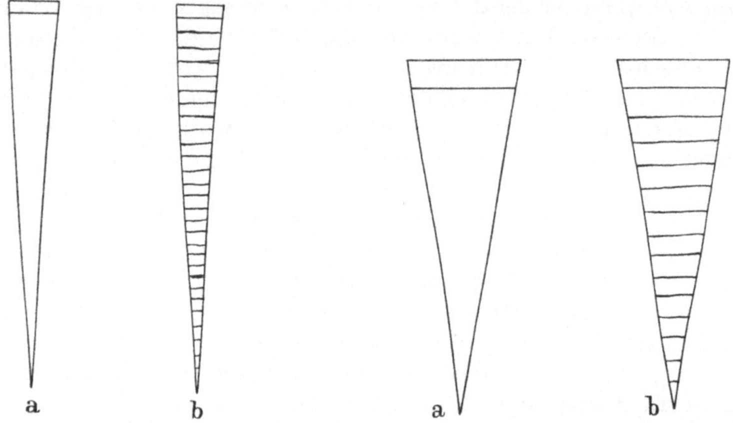

Abb. 37. Vorlagen. Erklärung im Text.   Abb. 38. Vorlagen. Erklärung im Text.
$^1/_2$ nat. Gr. $^1/_2$ nat. Gr.

Gestaltung zu größter Einfachheit. Warum sich die Strukturbedingungen so verschieden auswirken, läßt sich vorläufig noch nicht ein-
sehen. Jedoch, die Beziehungen stehen fest. Und nun ist es das
Interessante, daß sie sich in analoger Weise auch in der Gestaltungsweise von Versuchspersonen, sozusagen im Modellversuch, nachweisen
lassen.

Legen wir einer Versuchsperson ein Dreieck mit einem spitzen Winkel
von etwa 7° vor (Abb. 37a) und fordern sie auf, nach der Spitze des Dreiecks hin unter Wahrung des Abstandes der beiden äußersten Linien b und
b_1 weitere Parallelen zu ziehen, so erhält man eine Figur wie Abb. 37b. Sie
zeigt nichts Besonderes und lehrt, daß die Aufforderung recht genau
befolgt wird. Ist der Sektorenwinkel jedoch *größer*, beispielsweise 18°,
wie in Abb. 38a, so bleiben die Abstände *nicht gleich*, sondern sie *nehmen*
nach der Spitze des Dreiecks hin *ab* (Abb. 38b). Die Versuchsperson
hat die starke Tendenz, die Abstände der Parallelen im Sinne der Konstanterhaltung der einmal vorgegebenen Gestalt des äußersten Segmentes
anzuordnen. Diese Tendenz kann sich nur schlecht oder gar nicht gegen
die durch die Vorschrift gesetzte Tendenz zur Konstanterhaltung der
Abstände durchsetzen. Offenbar unterliegen hier Mensch und Tier ganz

ähnlichen Gestaltungsgesetzen. Diese Gesetze schärfer herauszuarbeiten und besonders auch, sie quantitativ zu erfassen, muß künftiger Arbeit vorbehalten bleiben.

4. Beobachtungen über die Anordnung der Radialfäden in der Netzebene.

Wenn wir eine Versuchsperson auffordern, in eine Ellipse oder einen Kreis (Abb. 39a) von einem exzentrischen Punkt aus in gleichen Winkel-

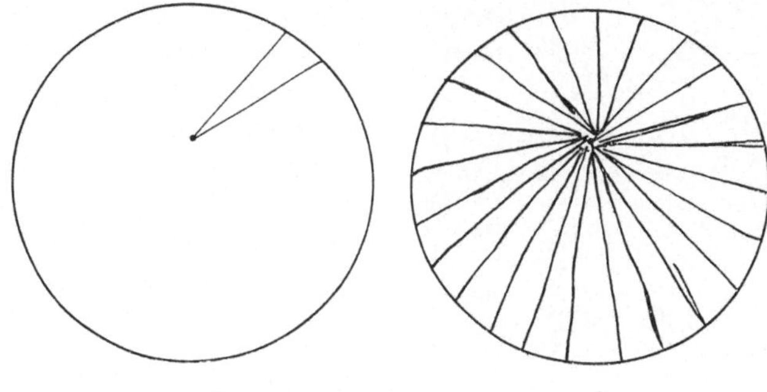

a   b

Abb. 39. Vorlagen. Erklärung im Text. $^1/_2$ nat. Gr.

abständen Strahlen einzuzeichnen, so unterliegt sie regelmäßig einer sehr charakteristischen Täuschung, sofern sie nicht bewußt auf die Fehler-quelle achtet. In dem Bereich der Figur nämlich, in dem die Strahlen verhältnis-mäßig kurz sind, bemißt sie die Winkel-abstände erheblich größer als dort, wo sie länger sind (Abb. 39b). Es läßt sich leicht zeigen, daß die Größendifferenz der Winkel um so größer wird, je größer die Exzen-trizität der ganzen Figur ist. Ganz die gleichen Verhältnisse nun liegen bezüglich der Lage der Nabe innerhalb der Fläche des Fangbereiches des Radnetzes und der Anordnung der Radialfäden vor. Ich möchte das zunächst am Beispiel des Netzes von *Zilla litterata* zeigen. Vorher muß ich noch

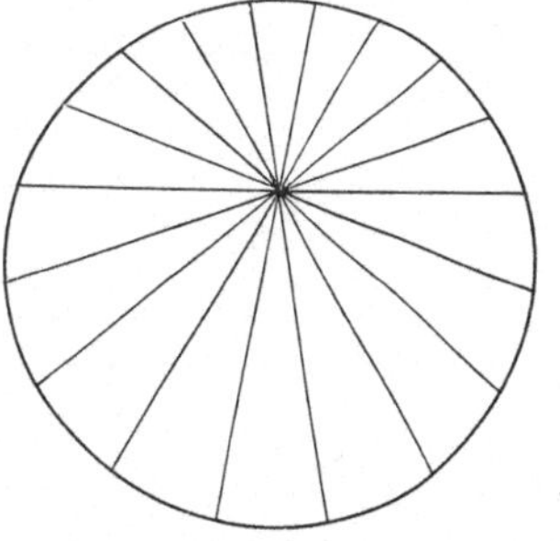

Abb. 40. Kreisfläche mit Strahlen, die von einem exzentrischen Punkt aus in gleichen Winkel-abständen angeordnet sind.

kurz darauf aufmerksam machen, daß ganz im Sinne jener optischen Täuschung die Winkelabstände der von einem exzentrischen Punkt in einer Kreisfläche ausgehenden Strahlen ungleich erscheinen, wenn sie tatsächlich objektiv gleich sind (Abb. 40). Die Figur wirkt unaus-geglichen, unharmonisch, und hierin zeigt sich, daß wir ein solches Gebilde als ein Ganzes wahrnehmen und die einzelnen Strahlen nur im ganzen Zusammenhang beachten.

Zilla litterata. Das Netz von *Zilla litterata* zeichnet sich durch eine stark exzentrische Lage der Warte aus. Wie in der 1. Studie (S. 630f.)

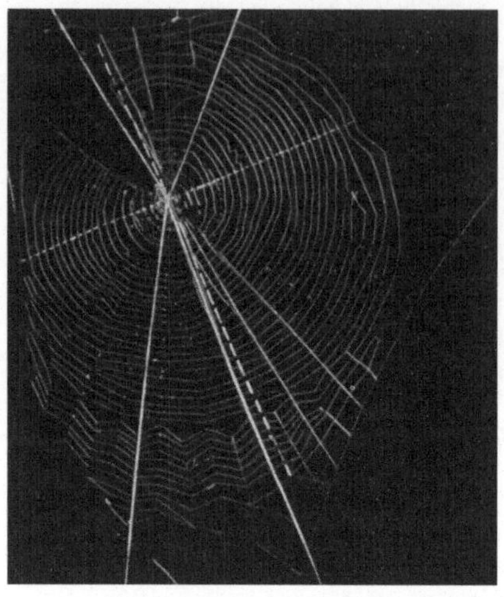

Abb. 41. Netz einer älteren *Zilla litterata.* Symmetrielinie gestrichelt, die zur Vermessung ausgewählten Sektorengruppen umrandet. Photographie.

eingehend dargelegt worden ist, schwankt der Grad dieser Exzentrizität sehr erheblich. Abb. 40 soll die Verhältnisse veranschaulichen. Die gestrichelte Linie teilt das Netz in zwei ungefähr symmetrische Hälften; ich bezeichne sie daher als die Symmetrielinie. Die punktierte Linie, die auf jener ersten senkrecht steht, trennt den „unteren" Netzteil vom „oberen". Die Lage der Netznabe auf der Symmetrielinie ist nun also in den Netzen verschieden. Wenn wir die Verteilung der Radialfäden in solchen, in verschiedenem Grade exzentrischen Netzen untersuchen, so finden wir im oberen Netzabschnitt regelmäßig um so *größere* Sektorenwinkel, je *größer* die Exzentrizität ist.

Diese Feststellung gründet sich auf Messungen an Photographien von 19 *Zilla litterata*-Netzen halbwüchsiger bis adulter Tiere. Es wurden im oberen und im unteren Netzteil jeweils einige nebeneinanderliegende Sektoren ausgewählt und die mittleren Sektorenwinkel berechnet. Die Auswahl der Sektorengruppen erfolgte unter dem Gesichtspunkt möglichster Gleichheit der Längen ihrer Radialfäden, wie das etwa Abb. 41 zeigt. Ebenso wie von den Winkelabständen wurde auch von den Längen der zugehörigen Radialfäden die Mittelwerte berechnet. Als Länge eines Radialfadens galt dabei die Entfernung seines Befestigungspunktes am Netzrahmen vom Mittelpunkt der Netznabe. Dividiert man die mittlere Länge der oberen Radialfäden durch die mittlere Länge der unteren, so ist der „Quotient der Radialfäden" ein Maß für die Exzentrizität der Netznabe. Tragen wir diese Quotienten auf der Ordinate eines Koordinatennetzes auf und nehmen als Abszisse die

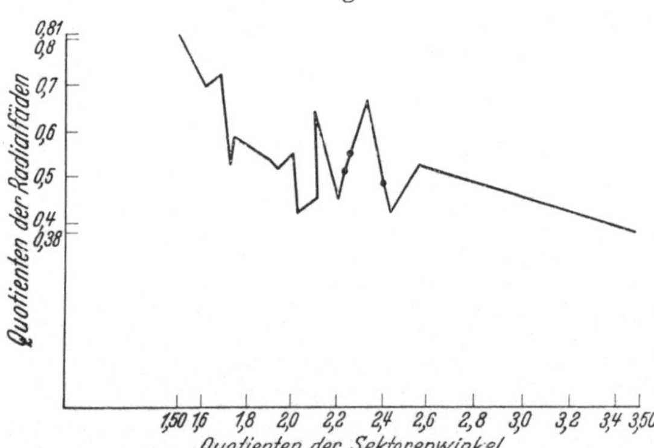

Abb. 42. Graphische Darstellung der Beziehungen zwischen der Exzentrizität der Nabe und der Verteilung der Radialfäden im Netz von *Zilla litterata.*

men vom Mittelpunkt der Netznabe. Dividiert man die mittlere Länge der oberen Radialfäden durch die mittlere Länge der unteren, so ist der „Quotient der Radialfäden" ein Maß für die Exzentrizität der Netznabe. Tragen wir diese Quotienten auf der Ordinate eines Koordinatennetzes auf und nehmen als Abszisse die

Quotienten aus den zugeordneten oberen und unteren mittleren Sektorenwinkeln, so erhalten wie die in Abb. 42 dargestellte Kurve. Aus ihr geht deutlich hervor, daß die Quotienten der Radialfäden mit steigenden Quotienten der Sektorenwinkel *kleiner* werden.

Meta reticulata. Wie später auseinandergesetzt werden soll, baut *Meta reticulata* sowohl zentrische wie exzentrische Netze. Es ist zu erwarten, daß die Differenz der Anzahl der Radialfäden im oberen und im unteren Netzteil in den exzentrischen Netzen bedeutend größer ist als in den zentrischen. Und wie Tabelle 10 mit den Daten von 10 exzentrischen und 11 zentrischen Netzen adulter oder fast adulter Tiere zeigt, ist das der Fall.

Tabelle 10. Exzentrizität und Verteilung der Radialfäden im Netz von *Meta reticulata.*

Zentrische Netze:

Neigung der Netzebene	30°	7°	40°	39°	40°	57°	35°	47°	34°	28°	30°	35,2°
Quotient der Exzentrizität	0,88	0,97	1,00	1,03	1,05	1,05	1,17	1,10	1,11	1,14	1,35	1,08
Radialfäden im oberen Teil	7	8	8	13	12	9	8	8	11	11	10	9,5
Radialfäden im unteren Teil	10	12	8	13	14	9	10	15	15	13	13	12,0
Differenz in %	30	33	0	0	14	0	20	47	27	15	23	19,0

Exzentrische Netze:

Neigung der Netzebene	23°	21°	30°	35°	7°	27°	40°	30°	36°	46°		31,5
Quotient der Exzentrizität	1,44	1,61	1,78	1,82	1,83	1,83	1,96	1,97	2,10	2,18		1,85
Radialfäden im oberen Teil	7	8	8	7	9	9	10	10	7	9		8,4
Radialfäden im unteren Teil	15	11	12	12	11	14	14	15	14	13		13,1
Differenz in %	53	27	33	42	18	36	29	33	50	31		35,2

Als Maß der Exzentrizität sind die Quotienten aus der Erstreckung des Fangbereiches vom Mittelpunkt der Nabe nach unten (als Dividend) und nach oben (als Divisor) angegeben[1]. Gemessen wurde dabei in der Symmetrielinie. Als Grenze zwischen „oberem" und „unterem" Netzteil galt wieder die durch die Nabe gehende Senkrechte auf der Symmetrielinie. Die Differenz zwischen der Anzahl der Radialfäden oben und unten, ausgedrückt in Prozenten der Anzahl im unteren Netzteil, kennzeichnet die Verteilung der Radialfäden. Diese Differenz beträgt in den zentrischen Netzen, mit einem mittleren Quotienten von 1,08, im Mittel 19,0%. Dagegen ist der Prozentsatz in den exzentrischen Netzen, mit einem mittleren Quotienten von 1,85 bedeutend größer, nämlich 35,2%.

Mit diesen relativ groben Feststellungen muß ich mich hier begnügen. Zu feineren, quantitativen Untersuchungen über die Beziehungen zwischen dem Grad der Exzentrizität und der Verteilung der Radialfäden sind die

---

[1] Vgl. 1. Studie S. 621f.

Messungen nicht geeignet. Denn dazu genügt nicht das einfache Abzählen der Speichen. Und dann müßte erst noch die Bedeutung der Größe des Neigungswinkels der Netzebene für die Anordnung der Radialfäden klargestellt werden. Denn wie die Messungen an den zentrischen Netzen wahrscheinlich machen, scheint die Regel zu herrschen, daß die Speichenabstände im oberen und im unteren Netzteil um so weniger differieren, je mehr die Netzebene von der Vertikalen nach der Horizontalen hin geneigt ist[1]. Sodann wäre von diesen Untersuchungen aus noch die Verbindung mit den Ergebnissen der 1. Studie über die Entsprechungen zwischen der Beinstellung der Spinne und der Anordnung der Radialfäden im Netz von *Aranea diadema* herzustellen.

Zusammengefaßt ergeben die Untersuchungen am *Zilla*- und dann auch am *Meta*-Netz, daß die Anordnung der Radialfäden innerhalb der Netzebene abhängig ist von der *Lage der Nabe*, und zwar im gleichen Sinne, wie es die Beobachtungen an den Versuchspersonen erwarten ließen.

5. Die freie Zone.

Ich muß jetzt auf eine Feststellung in der 1. Studie zurückkommen, die damals lediglich registriert werden konnte, während sie nunmehr vielleicht dem Verständnis zugänglich wird; sie betrifft die „freie Zone“, jenen die Warte umgebenden Bereich des Radnetzes, der lediglich Radialfäden, aber keine der konzentrischen Klebfäden enthält (Abb. 43). Ich war zu dem Ergebnis gekommen, „daß die Ausdehnung der freien Zone von einer sehr einfachen Proportion abhängt, nämlich von dem Verhältnis der Abstände der Klebfäden im zentralen Netzteil voneinander zu den Abständen der Umgänge der Befestigungszone voneinander. Sind diese Abstände annähernd gleich, so ist die freie Zone schwach (Abb. 43) oder gar nicht ausgebildet. Je kleiner aber die Abstände der Befestigungsumgänge im Verhältnis zu den Abständen der Klebfäden werden, um so größer die freie Zone“ (Abb. 11).

Weshalb nun die Spinne das eine Mal in weitem Abstand vom Rande der Warte mit der Produktion des Klebfadens aufhört, während sie ihn das andere Mal bis dicht an die Warte heranführt, ist zunächst durchaus nicht einzusehen. Denken wir uns aber in einem Netz mit gut ausgebildeter freier Zone den Klebfaden bis zur Warte hin fortgeführt, so empfinden wir sogleich die Disharmonie des krassen Wechsels der weiten Abstände der Klebfadenumgänge und der geringen Abstände zwischen den Fäden der Befestigungszone. Merkwürdigerweise sehen wir in der freien Zone, obwohl sie doch keine konzentrischen Fäden enthält, keineswegs eine „Lücke“ zwischen Warte und innersten Klebfäden. Das hat eben seinen Grund darin, daß diese Zone den Übergang zwischen den Bereichen der

---

[1] Die untersuchten *Zilla*-Netze waren alle nur wenige Grad gegen die Vertikale geneigt!

verschieden weiten Fadenabstände vermittelt. Denkt man sich andererseits in einem Netz ohne freie Zone (z. B. auch Abb. 43) die zentralen Umgänge des Klebfadens entfernt, so entsteht für unser Auge ein Bereich, der deutlich als „Lücke" und durchaus nicht wie eine „freie Zone" empfunden wird.

So erweist sich denn die freie Zone als ein Bereich, der sich harmonisch in das größere Ganze des Netzes einfügt, ja, erst aus dem Zusammenhang des Ganzen heraus verständlich ist.

Wiederum ergibt sich damit eine auffallende Parallele zwischen der haptischen Wahrnehmung der Spinne und der optischen des Menschen, und es erscheint nunmehr angebracht, etwas näher auf die Beziehungen zwischen Tastraum und Sehraum einzugehen.

6. Tastraum und Sehraum.

Seit den Untersuchungen von GOLDSTEIN und GELB (1920) „Über den

Abb. 43. Mittlerer Teil des Netzes einer adulten Kreuzspinne. Photographie.

Einfluß des vollständigen Verlustes des optischen Vorstellungsvermögens auf das taktile Erkennen" an einem Hirnverletzten sind die Beziehungen zwischen Sehraum und Tastraum öfter diskutiert worden. Ich betrachte es nicht als meine Aufgabe, die Problematik hier bis ins Einzelne zu entwickeln und den Stand der Ergebnisse vollständig wiederzugeben. Es soll nur das Wichtigste herausgegriffen werden, so weit es für meine eigenen Untersuchungen von Bedeutung ist[1].

In weitgehender Übereinstimmung mit älteren Auffassungen von HAGEN kamen GOLDSTEIN und GELB zu folgendem Ergebnis:

---

[1] Vgl. die ältere Darstellung bei v. KRIES (1923) und die neuere bei FRÖBES (1923 *und Nachtrag*).

1. „Räumliche Eigenschaften kommen den durch den Tastsinn vermittelten Qualitäten an sich nicht zu. Wir gelangen überhaupt nicht durch den Tastsinn allein zu Raumvorstellungen.“

2. „Nur durch Gesichtsvorstellungen kommt Räumlichkeit in die Tasterfahrung hinein, d. h. es gibt eigentlich nur einen Gesichtsraum.“

Diese Folgerungen haben eine Anzahl Arbeiten verschiedener Forscher mit vielen neuen Beobachtungen und Experimenten angeregt, die zu einem ganz abweichenden Ergebnis führen. Zu den wichtigsten dieser Arbeiten gehört diejenige von Révész über das „System der optischen und haptischen Raumtäuschungen“ (1934). Révész fand eine große Zahl optischer Raumtäuschungen im Gebiet des Haptischen wieder. Zu den prägnantesten dieser Täuschungen zählt auch im Haptischen die Müller-Lyersche Täuschung, deren Gültigkeit im Taktilen übrigens auch schon von Robertson und Parish festgestellt worden war. Die Poggendorf-sche Täuschung ist im Haptischen sogar noch viel deutlicher als im Optischen. Ganz allgemein kommt Révész zu dem Ergebnis: „Alle Täuschungsarten, die aus der Optik bekannt sind, kommen auch im haptischen Gebiet vor, mit Ausnahme jener, die durch den Bau und die besondere Funktion des Sehorgans bedingt sind (Verschiedenheit der Netzhautstellen, Akkommodation, Irradiation, Augenbewegungen, Doppelauge). Die ansehnliche Anzahl der haptisch-linearen, der haptischen Flächen-, Winkel- und Richtungstäuschungen liefern dafür den unanfechtbaren Beweis.“ Die Wiederholung eines großen Teils der Prüfungen an Blindgeborenen und früh Erblindeten mit dem gleichen Erfolg lehrt, „daß die Visualität auf die Entstehung der haptischen Raumtäuschungen keinen Einfluß hat, ferner, daß die haptische Dingwelt bei Sehenden und Blinden wesentlich gleich strukturiert ist“.

Beobachtungen an Blinden sind auch sonst zum Studium der in Rede stehenden Probleme angestellt worden.. Ich nenne etwa die Untersuchungen von Monat-Grundland (1930). Auch nach diesen verfügen Blindgeborene über gute räumliche Tastwahrnehmungen, wenn auch in individuell verschiedenem Maße. Blindgeborene können z. B. ertastete Gegenstände gut nachmodellieren, auch aus dem Gedächtnis und der Vorstellung des Ganzen heraus.

Alle diese neueren Arbeiten führen uns zu der Auffassung von Révész, daß den optischen und den haptischen Sinneseindrücken, so verschieden sie auch in ihrer sinnlichen Erscheinung sind, eine weitgehend ähnliche räumliche Struktur zukommt. Wir müssen bezüglich der räumlichen Sinneswahrnehmung eine „einheitliche, gemeinschaftliche Grundfunktion“ annehmen. „Die Raumtäuschungen bilden nur Spezialfälle der allgemeinen und ständig wirkenden raumwahrnehmenden und formgestaltenden Tendenzen. Diese Grundfunktion ist eine allgemeine Funktion für alle formperzipierenden Wesen, unabhängig davon, ob diese die Dingwelt mit dem Gesichtssinn oder mit dem Tastorgan aufnehmen, oder ob sie zu einer höheren oder niederen Gattung der Wirbeltiere gehören“, oder, so können wir nach den Befunden am Spinnennetz fortfahren, gleichgültig auch, ob es sich um ein wirbelloses Tier handelt. Denn die Befunde am Spinnennetz bestätigen die Auffassung von Révész und erweitern sie noch beträchtlich.

Es unterliegt nämlich keinem Zweifel, daß die Spinne bei der Herstellung des Netzes ausschließlich von taktil-kinästhetischen Sinneswahrnehmungen geleitet wird. Dem Gesichtssinn könnte allenfalls bei der Wahl des Bauplatzes eine führende Rolle zukommen. Jedenfalls sind nach meinen Beobachtungen Kreuzspinnen imstande, auch in völliger Dunkelheit, nämlich in der Dunkelkammer und auch nach Blendung der Augen mittels einer dicken Kappe aus schwarzem Lack, ganz normale Netze zu bauen. Auch bauen sie im Freien oft in den frühen Morgenstunden, in Dunkelheit oder im Dämmerlicht. Und ferner sind die Augen schon nach ihrem anatomischen Bau und ihrer Anordnung am Körper zur Wahrnehmung der Netzstrukturen nicht geeignet. In dieser Frage sei auf die Literatur verwiesen[1].

Alle die Gesetzmäßigkeiten in der Gliederung des Radnetzes, welche im Laufe der Untersuchungen aufgedeckt worden sind, gehen also auf Leistungen des *haptischen* Sinnes zurück. Die Grundproportion des Kreuzspinnennetzes z. B., die in so prägnanter Weise den streng gesetzmäßigen Aufbau dieses Gebildes zum Ausdruck bringt, beherrscht einen Gestaltungsvorgang, der in der haptischen Sphäre des Tieres abläuft. Die Harmonie der Gliederung, die durch sie bestimmt ist und die wir in der optischen Wahrnehmung erleben, liegt im haptischen Sinnesbereich des Tieres. Die Übertragbarkeit aus dem einen Sinnesgebiet in das andere zeigt mit frappanter Deutlichkeit, wie einheitlich tatsächlich die der Raumwahrnehmung und der räumlichen Gestaltung zugrunde liegenden primären Funktionen sind. Ihre Gültigkeit ist nicht einmal begrenzt durch die psycho-physischen Besonderheiten so weit auseinanderstehender Organismen wie Mensch und Arthropode.

7. Über allgemeine Tendenzen der Gestaltung.

Das Blickfeld, in dem das Netz in diesen Studien betrachtet wurde, hat sich beständig erweitert. Zunächst einmal (1. Studie) wurden einige Konstanten herausgestellt, etwa die Größe im Verhältnis zum Körper der Spinne, die Größe der Sektorenwinkel, die Lage der Warte in der Netzfläche — alles Besonderheiten, die dem Netz als einem „*Kreuzspinnennetz*" eigen sind. Es folgten die Messungen über die Gliederung der Netzfläche, die zur Aufdeckung der Grundproportionen geführt haben, bei denen also das Netz nicht mehr als „Kreuzspinnennetz", sondern als „*Radnetz*" schlechthin studiert wurde. Im weiteren Fortgang der Untersuchungen wurde das Radnetz in seiner Erscheinungsweise im optischen Sinnesbereich des Menschen untersucht und damit der Mensch als wahrnehmender und gestaltender Organismus in den Kreis der Betrachtung gezogen.

Ein glücklicher Zufall ermöglicht es nun, das Radnetz in einen noch größeren Zusammenhang zu stellen und die Besonderheit seiner Struktur mit dem Ergebnis eines Formbildungsvorgangs zu vergleichen.

Einige Radiolarien aus der Familie der Disciden nämlich besitzen Skeletstücke, deren Struktur in ganz frappanter Weise an die Grund-

---

[1] Vgl. BALTZER (1923), HOMANN (1928, S. 202), BARTELS (1929, S. 576 und 578), HOLZAPFEL (1933), PETERS (1932).

struktur des Radnetzes erinnert. Es sind runde Scheiben aus radialen Stäben, die durch eine enggewundene Spirale[1] oder durch eine Anzahl konzentrischer Kreise verbunden sind (Abb. 44 und 45). In geringem Abstand ist die Scheibe jederseits mit einer ebenen oder flach gewölbten durchlöcherten Platte bedeckt, die mit ihr durch zahlreiche kurze Säulchen verbunden ist. In den Abbildungen, die solche Radiolarien mit zum Teil abgetragenen Deckel zeigen, sind die Verhältnisse klar zu erkennen. HAECKEL bildet in seiner Radiolarien-Monographie eine ganze Anzahl der in Betracht kommenden Disciden ab.

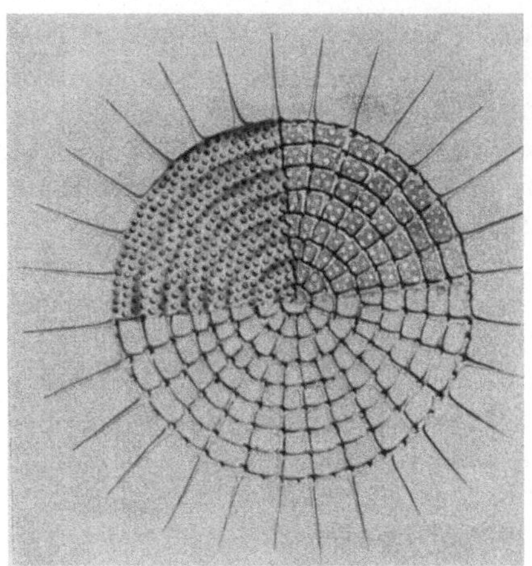

Abb. 44. *Stylodyctya multispina*, Skelet, die Deckscheiben zum Teil abgetragen. Aus E. HAECKEL, Die Radiolarien. Eine Monographie. Berlin 1862.)

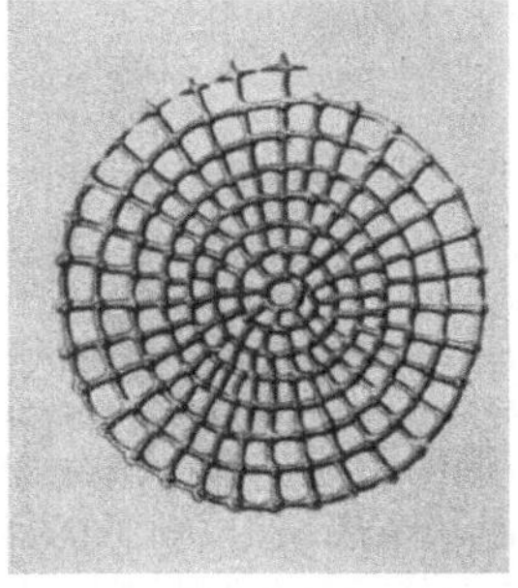

Abb. 45. *Stylospira Dujardinii*. Skelet, die Deckscheiben abgetragen. (Aus HAECKEL.)

Wie die Abbildungen lehren, sind die Radienwinkel bei den verschiedenen Arten verschieden groß. An der Peripherie gemessen[2] betragen sie bei:

Stylospira Dujardinii	*Stylodyctya multispina*	*Stylodyctya quadrispina*	*Trematodiscus heterocyclus*
angenähert 11⁰	13⁰	17⁰	20⁰

Wichtig ist nun, daß in vollkommener Analogie zu den Verhältnissen am Radnetz die Abstände der Umgänge nach dem Zentrum hin in den Scheiben mit den *kleinen* Radienwinkeln (11⁰ und 13⁰) nur *sehr wenig* abnehmen, während die Abnahme in den Scheiben mit den *größeren* Radienwinkeln (17⁰ und 20⁰) *beträchtlich* ist. Es hätte keinen Sinn, die Abbildungen genauer auszumessen, da sie für derartige Untersuchungen nicht ausreichen. So läßt sich auch noch nicht die Frage entscheiden, ob die für das Radnetz aufgestellte Grundgleichung, welche das Verhältnis des

---

[1] Bei *Stylospira Dujardinii*.
[2] Und die Radien stets bis zum Zentrum durchgehend gedacht!

Abstandes der beiden äußersten Umgänge zu ihrer Entfernung vom Zentrum festlegt, für die Scheiben der Disciden ebenfalls gültig ist.

Noch auf eine andere Analogie sei kurz hingewiesen. In den Netzen von *Nephila*, *Cyclosa* und wohl noch anderen treten die Fäden bisweilen zu einer Art Wabenmuster zusammen, wie es etwa in Abb. 46 zu sehen ist. Diese Abbildung stellt einen Ausschnitt aus der Warte eines Netzes von *Cyclosa insulana* dar. In den *Nephila*-Netzen dagegen kommt ein ähnliches Muster durch die eigentümliche Art der Befestigung der Hilfsfäden an den Radialfäden zustande. Solche Muster treten nun auch bei einer ganzen Anzahl Disciden auf, wie die Abbildungen bei HAECKEL lehren. Die nebenstehende Abbildung (Abb. 47) zeigt es am Beispiel von *Rhopalastrum truncatum*.

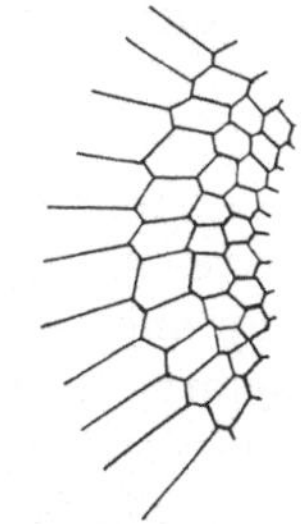

Abb. 46. Ausschnitt aus der Warte des Netzes von *Cyclosa insulana*. (Nach WIEHLE 1928.)

Mit dem Hinweis auf derartige Analogien ist selbstverständlich zunächst noch nicht viel gewonnen. Aber ein zumindest heuristischer Wert dürfte ihm nicht abzusprechen sein. Denn die exakte quantitative Erforschung der Strukturverhältnisse der Discidenskelete nach Art der Erforschung der Radnetzstrukturen wird eine viel genauere Kenntnis dieser Gebilde herbeiführen können als wir sie jetzt besitzen. Wenn sich aber tatsächlich herausstellen sollte, daß der Aufbau der Discidenskelete ganz den gleichen Gesetzmäßigkeiten unterliegt wie die entsprechenden Strukturen des Radnetzes, so wäre ein typischer „Instinkt"prozeß mit einem typischen „Wachstums"vorgang in engsten, wesenhaften Zusammenhang gebracht. Die spezifischen Strukturen des Radnetzes erschienen dann letzten Endes nicht mehr als Produkte einer besonderen Eigenart des Nervensystems oder der „Psyche", sondern als Produkte sehr viel allgemeinerer Funktionen der „lebendigen Substanz", schlechthin.

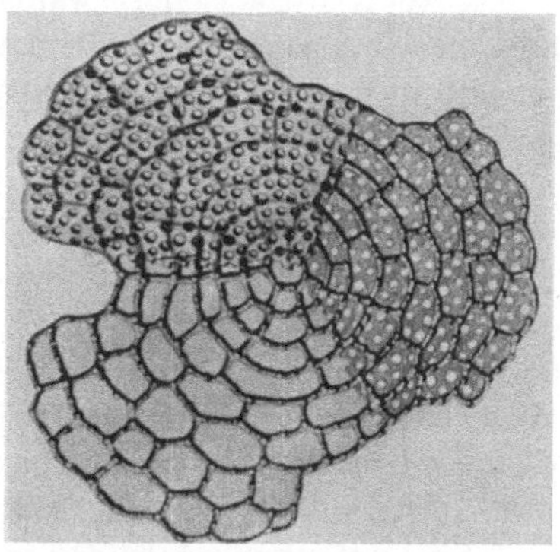

Abb. 47. *Rhopalastrum truncatum.* Skelet, die Deckscheiben zum Teil abgetragen. (Aus HAECKEL.)

Damit stoßen wir von einer neuen Seite auf das alte Problem der Analogie von Instinktabläufen und Entwicklungsvorgängen, auf die gleiche Frage, zu der die Untersuchungen der 1. Studie geführt hatten. Aber ich glaube, daß uns die Discidenskelete eine besonders gute Gelegenheit bieten, das Problem nun einmal praktisch in Angriff zu nehmen. Wie das Ergebnis aber auch ausfallen mag, die Erforschung der Discidenskelete nach Art der ganzheitlichen Erforschung des Radnetzes wird auf jeden Fall neue Gesetzmäßigkeiten zutage fördern. Solche Untersuchungen wären auch deshalb von Interesse, weil die Strukturen der Radiolarie und der Spinne in ganz verschiedenen funktionellen Zusammenhängen stehen — und ihnen eben doch, wie es scheint, gleiche Gestaltungsgesetze zugrunde liegen.

Zusammenfassung und Ausblick.

In diesem II. Teil der Arbeit wurde das Radnetz als harmonisch gegliedertes Gebilde untersucht. Zunächst wurde festgestellt, daß die in den Spinnennetzen realisierten Proportionen, nämlich das Verhältnis der Quotienten der äußersten Segmente zu den Quotienten der Sektorenwinkel, gerade solche sind, die sich vor anderen nur wenig abweichenden durch Wohlgefälligkeit auszeichnen. Damit ist ein ästhetisches Empfinden der Spinne zur Diskussion gestellt. Viel wichtiger aber als diese Frage der Vergleichenden Psychologie erscheint die Feststellung einer engen Verwandtschaft in der Gestaltungsweise der Spinne und des Menschen, wie sie insbesondere auch vergleichende Untersuchungen über die Anordnung der Klebfäden innerhalb der Netzfläche und über die Verteilung der Radialfäden in mehr oder weniger exzentrischen Netzen hervorgeht. Versuchspersonen waren aufgefordert worden, in bestimmte Figuren Linien „in *gleichen* Abständen" einzuzeichnen. Dabei zeigte sich, daß auch sie die Linien keineswegs isoliert wahrnehmen, sondern sie in das Ganze der Figuren einbezogen und die Instruktion daher im Sinne einer Ausgestaltung des Ganzen mißverstanden. Geometrische Gleichheit der Abstände der Radialfäden kann im horizontalen Netz mit zentrischer Nabe angenommen werden. Mit steigender Exzentrizität des Treffpunktes der Radialfäden verändern sich aber die Winkelabstände, und zwar im gleichen Sinne, wie wenn wir eine Versuchsperson auffordern, von einem immer mehr exzentrischen Punkt aus in gleichen Winkelabständen Strahlen in einen Kreis einzuzeichnen. Geometrische Gleichheit der Winkelabstände herrscht dann nicht mehr, wohl aber glaubt die Versuchsperson eine solche wahrzunehmen. Denn sie unterliegt dem unbewußten Zwang, nicht die Winkel, sondern die Sektorenflächen zu vergleichen, und diese offenbar erscheinen ihr gleich. Aber worin liegt deren Gleichheit? Sind hier etwa die Flächeninhalte geometrisch gleich? Wäre die Frage einer mathematischen Behandlung zugänglich?

Die Befunde über die Gliederung der Netzfläche sind nun noch deshalb von Interesse, weil sie auf Leistungen des haptischen Sinnes zurückgehen, während wir selbst jene Formen im optischen Sinnesbereich wahrnehmen. Sie führen uns zu einer Bestätigung und Erweiterung von Ergebnissen der Allgemeinen Psychologie über die Übereinstimmung der Struktur des Tastraumes und des Sehraumes. Die Gliederung des Radnetzes erscheint als Wirkung sehr allgemeiner raumgestaltender Tendenzen von Lebewesen. Es fragt sich sogar, ob diese Tendenzen letzten Endes überhaupt an eine „Psyche“ oder besser: an die Mitwirkung von Sinnesorganen gebunden sind. Denn die Beobachtungen an den Skeleten der Disciden legen die Vermutung nahe, daß diese Gebilde nach gleichen oder wenigstens sehr ähnlichen Gesetzen gestaltet sind wie das Radnetz. Aber mehr noch als in bezug auf die anderen Befunde sind gerade hier noch weitere Untersuchungen nötig.

III. Teil. Das Netz als ein Ganzes.
1. Vorbemerkungen.

Im Laufe der Untersuchungen war schon öfter von Ganzheit die Rede, besonders im II. Teil, jedoch meistens nur beiläufig und, wie ich gestehe, mit einer gewissen Scheu, ein Wort zu verwenden, das in der Biologie beinahe Modewort ist. Es ist nunmehr am Platze, den Begriff schärfer ins Auge zu fassen und zu prüfen, ob das am Spinnennetz gewonnene Material vielleicht etwas zu seiner Klärung beitragen kann. Im Anschluß an diese Untersuchungen ergibt sich dann die Behandlung einer Frage, die mit der Frage der Ganzheitlichkeit des Radnetzes in engem Zusammenhang steht, nämlich das Problem des Instinktablaufes, eine Untersuchung über die Reflextheorie des Instinktes.

Das Ganzheitsproblem in allen seinen für die Biologie wichtigen Verzweigungen aufzurollen, ist hier nicht der Ort. Ich verweise auf die Schriften derjenigen Autoren, deren Studium ich selbst sehr wertvolle Anregungen zu verdanken habe. Es sind vor allem Schriften der Gestaltpsychologen, ferner Arbeiten von DRIESCH und dann besonders die tiefschürfende, weitblickende Abhandlung von KRUEGER „Über psychische Ganzheit“ (1926). Von großem Wert für mich war auch die kritische Auseinandersetzung mit der Gestalttheorie von PETERMANN (1929).

2. Der ganzheitliche Charakter des Radnetzes.

Wenn wir uns das Charakteristische des Radnetzes als eines Ganzen klarmachen wollen, so vergegenwärtigen wir uns am besten noch einmal einige Besonderheiten in der Herstellung des Netzes und erinnern uns dabei der Vorstellungen, die sich die früheren Beobachter vom Netzbau gebildet hatten.

Hinsichtlich der Anordnung der Radialfäden galt die mehr oder weniger deutlich ausgesprochene Ansicht, dieselben würden sozusagen additiv aneinander gesetzt. Die Regelmäßigkeit der Abstände, so behauptete HINGSTON[1], rühre daher, daß die Spinne stets vier Schritte von dem als Hinweg zum Rahmen benutzten Radialfaden entlang laufe und dann die neue Speiche fixiere. In Wahrheit aber nimmt die Spinne die Sektorenflächen als Ganze wahr, und sie setzt nicht eigentlich Radialfäden, sondern Sektoren aneinander. Von besonderer Wichtigkeit ist dabei die

---

[1] Vgl. hierzu 2. Studie S. 138f.

Feststellung, daß die Größe dieser Sektoren nicht ein für allemal feststeht, sondern daß sie abhängig ist von den gesamten Strukturverhältnissen. So sind im Netz von *Meta reticulata* bei zentrischer Anordnung der Netznabe die Sektoren nach allen Richtungen hin ungefähr gleich groß. Liegt die Nabe jedoch exzentrisch, so ändert sich damit die Verteilung der Radialfäden in der Netzfläche derart, daß in dem Bereich, in dem die Nabe dem Rahmen näher liegt, die Winkelgröße zunimmt und in dem anderen abnimmt. Es kommt also zu einer harmonischen Aufgliederung der Netzfläche, wie das bereits im II. Teil auseinandergesetzt worden ist.

Ferner war schon ausführlich darauf hingewiesen worden, daß sich die Anordnung der Klebfäden nur aus ihrem Zusammenhang mit den Sektorflächen verstehen läßt, und daß es daher nicht angebracht ist, die Netze der verschiedenen Arten durch die Zahl der Klebfadenumgänge oder absolute Angaben über ihre Abstände zu charakterisieren. Die Sektorflächen bilden mit den von den Klebfäden begrenzten Segmenten Ganze, die ihrerseits wieder zu dem größeren Ganzen, der Netzfläche, zusammentreten. Ich erinnere bloß an das Experiment, in dem nach der Herstellung einer Anzahl von Klebfadenumgängen jeder zweite Radialfaden zerstört wurde: die Spinne zog die Klebfäden dann nicht mehr in dem bisherigen Abstand weiter, sondern bestimmte diesen entsprechend den neuen Strukturverhältnissen.

Besonders aufschlußreich ist auch die freie Zone. Sie erwies sich verständlich lediglich aus ihrem Zusammenhang mit der ganzen Netzfläche oder wenigstens ihrem zentralen Teil, nämlich als Übergangszone von dem Bereich der weiten Klebfadenabstände zu den engen Spiralwindungen der Befestigungszone.

Die durchgängige Abhängigkeit aller Teile des Netzes — die eben dadurch erst Teile eines Ganzen sind — wird noch weiter verdeutlicht, wenn wir uns die Folgen klarmachen, die die Veränderung in einer einzigen Richtung für die Ausgestaltung des Ganzen nach sich zieht. Legt die Kreuzspinne beispielsweise einmal ein besonders großes Netz an, so zieht sie die Radialfäden in relativ geringen Abständen. Kleine Sektorenwinkel bedeuten Konstanz der Abstände der nach dem Zentrum hin aufeinanderfolgenden Klebfäden. Es resultiert ein bestimmter mittlerer Klebfadenabstand im zentralen Netzteil, und das hat dann eine bestimmte Ausdehnung der freien Zone zur Folge.

So steht im Radnetz tatsächlich alles mit allem in innerer Verbindung, nimmt alles auf alles Bezug. Aber diese Beziehungen erschöpfen sich nicht in einer rein geometrischen Ordnung: Das Ganze ist hierarchisch aufgebaut. Das zeigt sich darin, daß die Gestaltung des umfassenderen Ganzen der Gestaltung der Teile übergeordnet ist. Wie die Untersuchungen im II. Teil lehren, sind die Klebfäden nicht nur Begrenzungen von Sektorensegmenten, sondern sie fügen sich auch in den Gesamtverlauf der elliptischen Umgänge ein. Und nun hatten gewisse Experimente mit aller Deutlichkeit dargetan, daß der Verlauf der Klebfäden nicht nur von jenen strukturellen Bedingungen abhängig ist, die die Form der Sektorensegmente bestimmen, sondern daß diesen Bedingungen der typische Verlauf der ganzen Umgänge übergeordnet ist. Erst wenn die Klebfäden in regelmäßigen Ellipsen angeordnet sind, treten jene Gesetzmäßigkeiten in ihre Rechte, welche die Gestalt der Sektorensegmente beherrschen.

3. Funktionsganzheit und Formganzheit.

Wenn wir festgestellt haben, daß das Radnetz ein wohlgegliedertes Ganzes ist, so müssen wir uns noch darüber klar werden, welcher Art die „inneren Beziehungen" sind, die die Teile miteinander verbinden, zum Ganzen machen. Man erkennt das am besten, wenn man die Ganzheit des Radnetzes mit der Ganzheit von anderen Gebilden vergleicht, auf welche sonst dieser Begriff in der Biologie vornehmlich angewandt zu werden pflegt. Aus der großen Fülle der Beispiele greife ich solche heraus, wie sie etwa BÖKER in seiner „Vergleichenden biologischen Anatomie" beschreibt[1]. Man sieht sogleich, daß es sich bei der Ganzheit des Radnetzes um etwas von solcher Ganzheit sehr Verschiedenes handelt. BÖKER zeigt z. B., wie die Ausbildung eines großen, schweren, muskulösen Kropfes infolge Änderung der Ernährungsweise bei Vögeln, die sich durch primären Hubflug fortbewegen, zum Ausgleich des vermehrten Vordergewichtes zu Vergrößerung der Tragflügel, Verlängerung des Schwanzes und Verlagerung des Kropfes nach dem Schwerpunkt des Körpers hin führen kann. Diese „Umkonstruktionen" bewirken in bestimmter Weise eine räumliche Beengung des Embryos im Ei, dadurch Störung des Wachstums von Brustbeinkamm und Brustbeinmuskulatur und fortschreitende Rückbildung des Flugvermögens. Im Gefolge damit kann der Fall eintreten, daß die Nestjungen mit Kletterorganen ausgerüstet werden, oder daß die Beine verlängert werden und Übergang zum Bodenschreiten erfolgt. Kropf, Flugapparat, Schreitapparat und was alles an anatomischen, physiologischen und psychischen Besonderheiten dazu gehört, treten also zu einem Ganzen zusammen, in dem ebenfalls „alles auf alles Bezug nimmt". Fragen wir nach den inneren Beziehungen der Teile *solcher* Ganzen, so sehen wir, daß die *Abstimmung auf eine Funktion* es ist, was die verschiedenen Glieder bindet, sie zu Teilen eines Ganzen macht. Ich möchte daher solche Ganze *Funktionsganze* nennen[2]. Im Gegensatz

---

[1] Siehe BÖKER 1935 und 1937, sowie den Aufsatz „Was ist Ganzheitsdenken in der Morphologie?" Z. ges. Naturwiss. 2 (1936/37).

[2] Den Ausdruck hat meines Wissens zuerst KRUEGER (1926, S. 79) gebraucht, jedoch ganz beiläufig. KRUEGER verweist auf RUDERT (1926). Dieser definiert (S. 650): „In Einstellungen sehen wir den (dispositionellen) seelischen Gesamtbestand zu einem Ganzen verwachsen. Was dem auf der physiologischen Seite entsprechen muß, werden wir als Funktionsganzes bezeichnen." Es erscheint jedoch berechtigt, ja notwendig, diese vortreffliche Bezeichnung aus ihrem engen, speziellen

zu dieser Funktionsganzheit liegt die Ganzheit eines Gebildes wie des
Radnetzes in der *eigentümlichen räumlichen Gliederung*. Es wird dadurch
zu einem Ganzen, daß die Fäden in jener bestimmten Weise geordnet
sind und dadurch bestimmte, *aufeinander abgestimmte Formen* resultieren. Diesem eigentümlichen Charakter entsprechend möchte ich solche
Ganze *Formganze* nennen.

4. Zur Stammesgeschichte des Radnetzes.

Wenn ich Formganzheit bisher an dem hochentwickelten Typus des
Radnetzes klarzulegen versucht habe, so glaube ich den Begriff noch
weiter veranschaulichen zu können, wenn wir einmal primitivere Netztypen zum Vergleich heranziehen und zugleich die Möglichkeiten einer
Phylogenie des Radnetzes ins Auge fassen[1].

Nach WIEHLE gibt es bei gewissen Cribellaten Fanggeräte, die „wie
Vorstufen zum Radnetzbau wirken‟. Zoropsiden und Acanthocteniden
legen regellos eine Anzahl Fangfäden aus. *Filistata* (Abb. 48) hat schon
ein etwas höher stehendes Fanggerät: von der Mündung der Wohnröhre
strahlen allseitig eine Anzahl zum Teil mit Kräuselfäden bedeckte Fäden
aus, welche nicht nur zum Festhalten der Beute dienen, sondern die auch
die Bewegungen der Gefangenen zur Spinne weiterleiten. Ein solches
Fanggerät weist im Vergleich zum Radnetz nur einen sehr geringen Grad
von Ordnung auf. Die Fäden sind unregelmäßig verzweigt, haben unregelmäßige Abstände und sind recht verschieden lang. Ihre Anordnung
ist noch kaum einer übergeordneten Plangesetzlichkeit unterworfen.
Formganzheitlichkeit wird man einem solchen Gebilde nicht oder nur
in sehr geringem Grade zuerkennen. Als einen schon höher entwickelten
Typus beschreibt WIEHLE (1931) das Netz von *Stegodyphus lineatus
(Eresidae)*. Hier beginnt auch bereits die Sonderung des ursprünglich
einheitlichen Fadens in Fangfäden und Haltefäden (Abb. 49). Diese
beiden Fadensorten weisen auch schon eine gewisse Ordnung auf, insofern
als die Fangfäden quer zu den Haltefäden angebracht sind. Im übrigen
herrscht jedoch in der Anordnung der Fäden große Unregelmäßigkeit.
Eine gewisse Regelmäßigkeit findet sich erst im Netz von *Sybota producta
(Uloborinae)* (Abb. 50). Ich finde diesen Netztypus besonders in folgender
Hinsicht interessant. Bei den bisher besprochenen Fangvorrichtungen
sind die ausstrahlenden Fäden an der Peripherie noch kaum unter-

---

Anwendungsbereich zu lösen und dem Begriff eine bedeutendere Stellung in der
Allgemeinen Biologie zuzuweisen. Auch DRIESCH verwendet den Begriff, ebenso
wie den der Formganzheit, soweit ich sehe, nur in beiläufiger Weise. Ich weiß nicht,
ob er den gleichen Sinn mit diesen Begriffen verbindet, in dem sie hier gebraucht
werden.

[1] Das Problem ist von WIEHLE erstmalig systematisch behandelt und auch
sehr gefördert worden. Dieser Autor hat ein umfangreiches Material solcher primi-
tiver Netze gesammelt, die als Vorstadien des Radnetzes in Frage kommen
(s. besonders WIEHLE 1931).

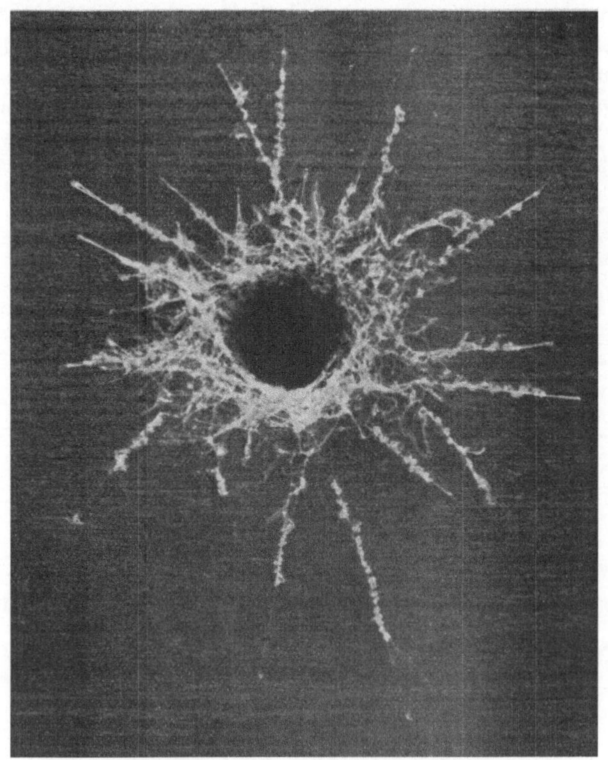

Abb. 48. Netz von *Filistata insidiatrix*. (Aus WIEHLE 1931.)

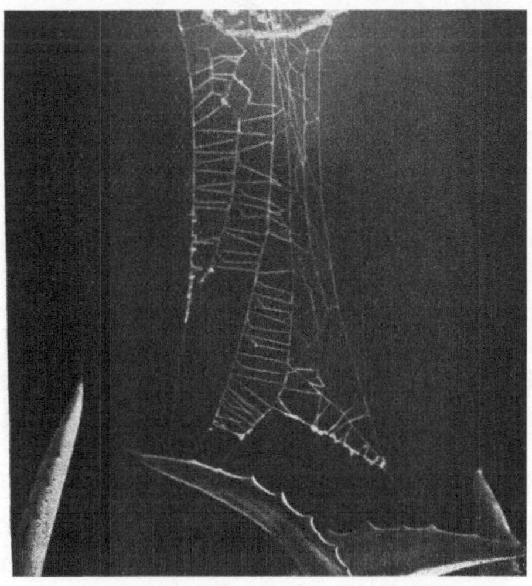

Abb. 49. Netz von *Stegodyphus lineatus*. (Aus WIEHLE 1931.)

einander verbunden, die meisten sind direkt an irgendwelchen Punkten in
der Umgebung des Netzes befestigt. Im *Sybota*-Netz dagegen beobachten
wir erstmalig einen festeren Zusammenschluß durch besondere Rahmenfäden. Das Netz wird nur von einigen wenigen Spannseilen getragen,
wodurch das Gebilde sehr an innerer Geschlossenheit gewinnt. Bezeichnenderweise ist jedoch am Sitzplatz der Spinne die Umgebung

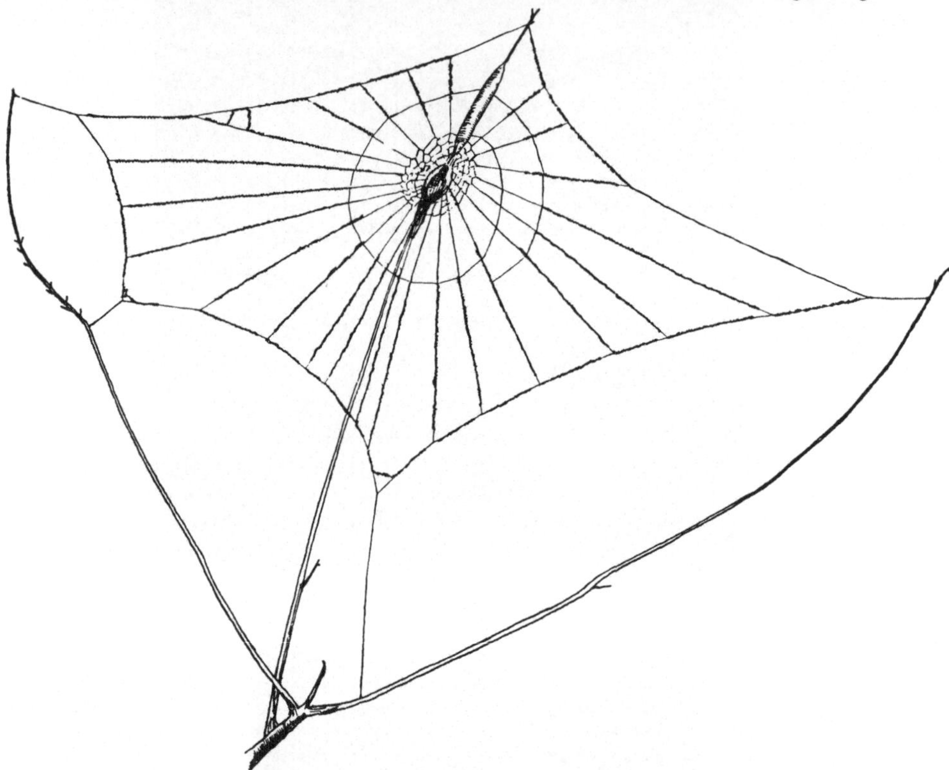

Abb. 50. Netz von *Sybota producta*. (Aus WIEHLE 1931.)

noch in das Netz einbezogen, die Warte liegt stets der Unterlage an. Erst
im typischen Radnetz ist der Sitzplatz der Spinne von der Unterlage ge-
löst. Das Netz steht dann nur noch an den Aufhängepunkten der Spann-
seile mit der Umgebung in Verbindung. Damit ist das Radnetz dann end-
gültig in hohem Maße frei geworden von den äußeren räumlichen Verhältnissen und kann ganz nach den immanenten Strukturgesetzen gestaltet werden.

Leider kennen wir erst viel zu wenige von den Netzen, die als Vorstadien des Radnetzes in Betracht kommen. WIEHLE vermutet besonders
unter den Cribellaten noch viele wichtige Zwischenformen. Wir sind
also noch weit von der Möglichkeit entfernt, eine befriedigende phylo-

genetische Reihe aufzustellen. Wie dem aber auch sei: Schon das heute vorliegende Material zeigt deutlich, daß sich die Formganzheit des Radnetzes nur allmählich, in Stufen, herausgebildet haben kann.

Die Entwicklung ist auf dem zuletzt angedeuteten Stadium nicht stehen geblieben. Nachdem die gesetzmäßige Gliederung des frei aufgehängten Netzes durchgeführt war, müssen jene Prozesse eingesetzt haben, die zu der mutmaßlichen Angleichung des Netzes an den Bauplan des Spinnenkörpers einerseits und des Bauplans des Spinnenkörpers an den des Netzes andererseits geführt haben. Wie in der 1. Studie ausführlich auseinandergesetzt worden ist, entspricht ja beispielsweise im Netz von *Aranea diadema* die Anordnung der Beine des in der Warte lauernden Tieres der Anordnung der Radialfäden in der Netzebene. Andererseits, denken wir uns die Tarsenspitzen der Spinne durch eine Kurve verbunden, so erhalten wir eine ähnliche Figur wie sie der Fangbereich darstellt, nämlich eine Ellipse. Ungefähr im Mittelpunkt dieser Ellipse liegt der Mittelpunkt der Körperlängsachse; in der Ellipse der Netzebene ist dieser Punkt durch die Lage der Nabe ausgezeichnet. Sogar das Zeichnungsmuster der Kreuzspinne ordnet sich in den großen Zusammenhang ein; jedenfalls liegt der Schnittpunkt der beiden Kreuzbalken genau im Mittelpunkt jener elliptischen Figur. Ja, ich bin soweit gegangen, die Frage aufzuwerfen, ob nicht auch die „bei den Radnetzspinnen nicht seltene Auflösung der Peripherie des Opisthosoma in strahlig auslaufende Fortsätze als eine Einordnung in die strahlige Struktur des Netzes" aufzufassen wäre. Doch ist es nicht von prinzipieller Bedeutung, ob die Beziehungen tatsächlich bis in diese Einzelheiten gehen.

Mit der Ausbildung des Radnetzes hat die Entwicklung offenbar ein Endstadium erreicht. Wohl gibt es verschiedene Stufen von Ganzheitlichkeit, aber, wie es eine unterste Stufe gibt, unterhalb deren man nicht mehr von Ganzheitlichkeit reden kann, so gibt es auch eine oberste Stufe, über die hinaus eine Steigerung nicht möglich ist. Ein Gebilde etwa, wie der Sektor mit seinem äußersten Sektorensegment ist nicht weiter entwicklungsfähig, wenn einmal die Beziehung der gleichen Proportionen realisiert ist. Und wohl kann man sich denken, daß eine Angleichung der Anordnung der Radialfäden an die Normalstellung der Beine allmählich fortschreitet. Ist die Übereinstimmung aber einmal da, so ist ein weiterer Fortschritt nicht möglich. So stellt sich uns das Radnetz nicht nur als ein *hoch*entwickeltes, sondern geradezu als ein *aus*entwickeltes Gebilde dar.

Ich komme damit zu einem ähnlichen Ergebnis wie in meinen Untersuchungen am Netz von *Hyptiotes paradoxus* (1938). Es hatte sich herausgestellt, daß dieses Netz im Idealfall ein gleichseitiges Dreieck ist, und das führte auf den Gedanken, die Entwicklung habe in dieser Form den höchsten, nicht mehr steigerungsfähigen Grad innerer Ausgeglichenheit und Regelmäßigkeit erreicht.

5. Das Netz als Fangapparat.

Wenn in meinen bisherigen Untersuchungen das Radnetz lediglich in Hinsicht auf seine innere Struktur als Formganzes betrachtet wurde, so ist das natürlich eine sehr einseitige Betrachtungsweise. Denn das Netz erfüllt ja im Leben der Spinne eine bestimmte Aufgabe. Es ist das Mittel, mit dem sich das Tier seine Nahrung verschafft. Und bestimmte Eigentümlichkeiten, ja überhaupt die Existenz des Netzes, sind nur in *diesem* Zusammenhang zu verstehen. Leider gibt es noch keine speziellen Untersuchungen über das Radnetz als Fangapparat, und erst wenig wissen wir über die Art und Weise, wie Spinne und Netz funktionell aufeinander abgestimmt sind.

Zuallererst wäre hier der *mechanischen Verhältnisse* des Netzes zu gedenken, welche das Netz überhaupt erst existenzfähig machen, in erster Linie also der Beschaffenheit der Fäden. Über Reißfestigkeit und Elastizität der unterschiedlichen Netzfäden (Rahmenfäden, Radialfäden, Klebfäden usw.) sind mir keine Untersuchungen bekannt. Von Interesse sind aber in diesem Zusammenhang die Beobachtungen über das Verstärken der Rahmenfäden (vgl. 2. Studie S. 135).

Die Eignung des Netzes als Fangapparat gründet sich offenbar in erster Linie auf die Klebrigkeit der zum Fang ausgelegten Fäden. Diese Eigenschaft kommt schon den allerprimitivsten Fanggeräten zu, die oben beschrieben wurden. Ob mit der Höherentwicklung des Netzes auch eine Verbesserung der Klebfähigkeit einhergegangen ist, ist noch nicht untersucht worden. Bemerkenswert ist, daß sich erst nach und nach aus dem ursprünglich einheitlichen Faden Klebfaden und Haltefaden herausgebildet haben. Im hochentwickelten Radnetz unterscheiden sich diese Fadentypen nicht nur dadurch, daß der eine trocken und der andere klebrig ist, sondern auch durch ihre Elastizität. Wie man sich leicht überzeugen kann, ist ein Klebfaden im Radnetz bedeutend elastischer als etwa ein Radialfaden, und er ist dadurch wahrscheinlich zum Fang besonders geeignet. Leider fehlt hier aber, wie gesagt, jede genauere Untersuchung und die Möglichkeit einer vergleichenden Betrachtung.

Auch die *Größe des Netzes* ist ohne Zweifel für seine Eignung zum Beutefang von Bedeutung. Sie ist erblich festgelegt und schwankt bei den verschiedenen Arten innerhalb gewisser Grenzen. Bezieht man die Größe des Netzes auf die Größe der Spinne und nimmt man als Maß für die Größe des Netzes die Länge seiner Hauptachse[1], so ergibt sich beispielsweise folgende Reihe der Größenquotienten:

	Nephila madagascariensis ad. ♀♀	*Aranea diadema* ad. ♀♀	*Hyptiotes paradoxus* ad. ♀♀
Größenquotienten (im Mittel)	6,1	etwa 10:1	24:1
Zahl der vermessenen Netze	11	—	5

[1] Als Größe der Spinne gilt hier wieder die Entfernung der Tarsen des 1. Beinpaares von denen des 4. Paares des in Lauerstellung befindlichen Tieres; vgl. 1. Studie S. 634. Als Hauptachsenlänge gilt bei *Aranea* die Ausdehnung des Fangbereiches in der Längsachse des Netzes (vgl. 1. Studie S. 617), bei *Hyptiotes* die Länge des Halbierenden des am Spannseil gelegenen Winkels (vgl. Verf. Zool. Anz. **121**), bei *Nephila* die Länge der Symmetrieachse, gemessen vom oberen Rand des Rahmens bis zum unteren. Da der Rahmen oben aus einem mehr oder weniger lockeren Fadengewirr besteht, läßt sich die obere Grenze nur ungefähr angeben.

Es wäre zu untersuchen, ob die Verschiedenheit der Netzgrößen mit Unterschieden im Nahrungsreichtum der betreffenden Lebensräume zusammenhängt. Es ist bekannt, daß Radnetzspinnen bei reichlicher Ernährung kleinere Netze bauen als sonst (McCook 1889, Wiehle 1927, S. 508, aus der Radienarmut bei Überfütterung zu schließen). Übrigens hängt wahrscheinlich mit der Größe des Netzes eine bestimmte Struktureigentümlichkeit des Radnetzes zusammen, nämlich die Dichte. Die obige Reihe *zunehmender Größe* ist zugleich eine Reihe *abnehmender Netzdichte*. Das *Nephila*-Netz zeichnet sich durch sehr kleine Sektorenwinkel und sehr geringe Abstände der Klebfäden aus. Das Gewebe des Kreuzspinnennetzes ist bedeutend lockerer, und im *Hyptiotes*-Netz sind die Sektorenwinkel sehr groß und die Abstände der Klebfäden sehr weit. Ferner scheint die Regel zu gelten: Je größer die Spinne (absolut), umso geringer die relative Größe des Netzes.

Wenn wir uns nun vergegenwärtigen, auf welche Weise die Spinne über die Anwesenheit einer Beute im Netz unterrichtet wird, so geschieht das bekanntlich durch die Wahrnehmung der Erschütterungen und Vibrationen, die von den Fäden zu der in der Warte des Netzes oder in einem besonderen Schlupfwinkel lauernden Spinne hingeleitet werden. Bei den primitiven Fanggeräten, z. B. bei dem von *Filistata*, sind alle Fangfäden nach Wiehle (1931, S. 390) zugleich Signalfäden. Im Radnetz mancher Arten dagegen, z. B. von *Zilla*, hat sich ein besonderer Faden als „Signalfaden" herausdifferenziert, der eine direkte Verbindung der Nabe mit dem Schlupfwinkel herstellt. Dieser Faden steht mit der Netzfläche also nur an einem Punkte, und zwar einem zentralen in Verbindung. Offenbar ist auf diese Weise eine Übertragung der Vibrationen besser gewährleistet, als wenn die Spinne, wie bei verschiedenen *Aranea*-Arten, die Erschütterungen von irgendeinem mit dem Rahmen in Verbindung stehenden Faden her aufnimmt. Aber auch hier wieder fehlt es an genaueren Untersuchungen[1]. Bei *Aranea diadema*, die in der Warte ihres Netzes auf Beute lauert, dienen sämtliche Radialfäden als Signalfäden. Wie die Perzeption jedoch vor sich geht, steht noch dahin[2]. Ich habe schon verschiedentlich darauf hingewiesen, daß sich die Winkel zwischen den obersten Radialfäden und den untersten Radialfäden des Netzes verhalten wie die Winkel zwischen den 3. und 4. Beinen und den 1. und 2. Beinen[3]. Bisher habe ich lediglich die Idee geäußert, es handele sich hier um eine Angleichung der Netzstruktur an den Bauplan des Spinnenkörpers im Sinne einer Formganzheitlichkeit. Es taucht jetzt aber auch die Möglichkeit auf, die allerdings wenig Wahrscheinlichkeit für sich hat, daß jene Übereinstimmungen irgendwie von der Wahrnehmung oder Lokalisation von Vibrationen zu tun haben. Das Beispiel zeigt, wie wichtig eine genauere Kenntnis der funktionellen Beziehungen zwischen Spinne und Netz auch für die Beurteilung der formganzheitlichen Beziehungen wäre.

Die Herstellung und Benutzung des Netzes bedingt offenbar noch eine ganze Reihe Besonderheiten, die die Radnetzspinnen vor anderen auszeichnen. In erster Linie wäre hier natürlich all der anatomischen Einrichtungen und der Psychismen zu gedenken, welche die Spinne überhaupt zur Herstellung der Netzfäden und

---

[1] Vgl. aber M. Thomas: Un Fil de Soie. Festschrift für Embrik Strand, Bd. 2, S. 633—638. 1934.

[2] Vgl. die Arbeit des Verf. über die Fanghandlung der Kreuzspinne 1931. wo die Literatur über diese Frage besprochen ist.

[3] Vgl. 1. Studie S. 639f.

des Netzes und dann zu seiner Benutzung befähigen. Diese Dinge, ich denke hier etwa an den Spinnapparat, die Sinnesorgane, das Orientierungsvermögen, die Beutefangmethoden sind ja schon ziemlich gut untersucht. Es ist aber anzunehmen, daß die funktionellen Beziehungen noch sehr viel weiter gehen als es nach der bisherigen Analyse schon feststeht. So wirkt sich der Aufenthalt des Tieres im Netz ohne Zweifel auch in der Statik des Körpers aus. Wie schon flüchtige Beobachtungen lehren, sind nämlich die statischen Verhältnisse etwa des Kreuzspinnen-

Abb. 51. Netz von *Agelena labyrinthica*.
(Aus Hesse und Doflein: Tierbau und Tierleben. Leipzig und Berlin 1914.)

körpers durchaus auf das Hängen und die Fortbewegung an der schräggestellten Netzfläche angelegt. Man kann sich leicht davon überzeugen, wenn man eine solche Spinne einmal über den Boden laufen läßt. Im Vergleich zu einer Laufspinne kommt das Tier nur mühsam vorwärts und muß das Opisthosoma nachschleppen.

Es wäre allzu billig, diese Übersicht noch mit weiteren derartigen Beispielen auszustatten. Ohne Zweifel ist es eine lohnende Aufgabe, Spinne und Netz als Funktionsträger tiefer zu durchforschen. Aber was sich dabei auch an Einzelfeststellungen ergeben wird, daran kann kein Zweifel bestehen, daß das Radnetz *allein als Funktionsträger* niemals in seiner Wesensart verstanden werden kann. Wir werden uns dessen noch deutlicher bewußt, wenn wir das Radnetz einmal mit anderen hochentwickelten Netztypen vergleichen. Wir erkennen dann, daß Formganzheit durchaus nicht jedem hochentwickelten Netztypus zukommt, sondern daß es Netze gibt, auf die dieser Begriff in keiner Weise angewandt werden kann. Das gilt z. B. für das Agelenidennetz (Abb. 51). Es besteht aus einem dicht-filzigen, deckenförmigen Gewebe von unregelmäßigem Umriß. Es ist mehr oder weniger horizontal ausgebreitet und mündet an einem Ende in die lange Wohnröhre der Spinne. Der Fortschritt eines solchen Netzes gegenüber einem primitiven liegt offenbar lediglich in der Erhöhung der Funktionseignung. Die von den Fäden überspannte Fläche ist stark vergrößert, und die Fäden des Netzes sind so nahe zusammengetreten, daß Beutetiere nicht zwischen ihnen hindurch fallen können und mit ihren Gliedmaßen in dem dichten Filz hängen bleiben müssen. Solche Netze sind lediglich Fangapparate. Ein verwandter Netztypus ist das Linyphiidennetz. Hier wird die horizontal ausgebreitete, ebenfalls deckenförmige Netzfläche von über und unter ihr angebrachten Gerüstfäden gehalten.

Wir sehen hier also, vorläufig leider noch allzusehr auf Mutmaßungen gestützt, daß die Entwicklung eines organischen Gebildes von vielleicht gar nicht sehr verschiedenen Ausgangsstadien zu wesentlich verschiedenen Endstadien führen kann; einmal kann sich das Gebilde lediglich als Funktionsträger fortentwickeln, zum anderen kann die Entwicklung darüber hinaus zu Formganzheit führen. Ob sich solche verschiedene Entwicklungstendenzen noch sonstwie in den betreffenden Organismen ausprägen, wäre der Untersuchung wert. Es wäre z. B. zu prüfen, ob sich die hochentwickelten Ornamente des Spinnenkörpers nicht allgemein gerade bei den Radnetzspinnen finden, wie ich vermute, allerdings auf Grund eines noch sehr geringen Materials.

6. Instinktprobleme.

Die Untersuchungen haben eine Anzahl von Beobachtungen ergeben, die zur Klärung eines Instinktsproblems beitragen können. Es ist die *Reflextheorie des Instinktablaufes*, die ich an Hand des neuen Materials einer Prüfung unterziehen möchte.

Fragen wir zwei so repräsentative Darstellungen der Allgemeinen Biologie wie die „Allgemeine vergleichende Physiologie der Tiere" von JORDAN oder die „Allgemeine Biologie" von HARTMANN, so erklärt JORDAN apodiktisch (S. 696): „Die Instinkte sind keine Kettenreflexe und überhaupt nicht als Automatismus aufzufassen", während HARTMANN (S. 724) schreibt, es handle sich „um mehr oder weniger komplizierte Reflexmechanismen, die durch äußere oder innere Reize der Tiere ausgelöst werden." Er fährt dann fort: „Derartige Handlungen der Tiere bezeichnet man als Instinkthandlungen, doch muß man sich bewußt bleiben, daß mit diesem Begriff kein prinzipieller Unterschied gegenüber den unbedingten Reflexhandlungen bezeichnet werden kann, sondern daß es sich nur um den abgekürzten Ausdruck für eine Summe gemeinschaftlich auftretender, meist nicht genügend analysierter Einzelreflexe handelt.'' Die Auffassungen stehen also sehr schroff gegenüber; aber wenn man die von den beiden Autoren herangezogenen Beispiele ins Auge faßt, so erscheint jede von ihnen gut begründet. Daraus ist die einfache Konsequenz zu ziehen, zwischen zwei verschiedenen Typen von Instinktabläufen zu unterscheiden, dem von HARTMANN in den Vordergrund gestellten *reflektorischen Typus* und den von JORDAN berücksichtigten mehr *ganzheitlichen Typus.*

HARTMANN greift in seinen Darlegungen auf die bekannten Untersuchungen von SZYMANSKI über die Auslösung der verschiedenen Phasen des Paarungsspieles der Weinbergschnecke zurück. Der Ablauf dieser Instinkthandlung läßt sich ohne Zweifel als Summe von einzelnen Reaktionen darstellen. Ganz ähnlich verhält es sich mit gewissen Umdrehbewegungen. Wie die eingehende Analyse von WEBER (1926) ergeben hat, läßt sich die oft sehr komplizierte Umdrehhandlung von Prosobranchiern als eine Folge von einzelnen Reflexen auffassen, die von einer Reihe aufeinanderfolgender äußerer Reize herbeigeführt werden. Ich darf schließlich auch auf meine eigenen früheren Untersuchungen über die Fanghandlung der Kreuzspinne (1931) hinweisen, die zur Aufdeckung eines ganz ähnlichen Reflexschemas geführt haben. Ein vibratorischer Reiz führt die Spinne zur Fangstelle. Der Kontaktreiz, vielleicht in Verbindung mit einem chemischen Reiz, löst den Reflex des Einspinnens aus. Der von den um die Beute gewickelten Spinnfäden ausgehende neue Reiz führt den Beißreflex herbei. Der beim Biß empfangene Geschmacksreiz endlich verursacht das Loslösen der Beute aus dem Netz und den Transport in die Warte. Wenn spätere Untersuchungen (Verf. 1933) dieses einfache Schema auch etwas modifiziert haben, so steht doch der hauptsächlich reflektorische Charakter der Fanghandlung fest. Und das erscheint mir um so bemerkenswerter, als die nunmehr vorliegenden Untersuchungen über die Herstellung des Netzes zeigen, daß bei dem gleichen Organismus ein Instinktablauf des anderen Typus vorkommen kann, wie ich ihn weiter unten noch näher beschreiben werde.

Diese Feststellung wirft Licht auf eine Frage, die vielfach, aber ohne Recht, mit der Frage des Instinktablaufes verquickt worden ist, die Frage nämlich, ob der Organismus, um es kurz zu sagen, Automat sei oder nicht. So erklärte ja DOFLEIN (1916) auf Grund seiner bekannten Untersuchungen am Ameisenlöwen das ganze Tier schlechthin als „Reflexautomaten". Demgegenüber hat BIERENS DE HAAN (1924) im Verhalten dieses Insektes eine so große Plastizität nachgewiesen, daß man von einem Automaten nicht sprechen könne. Damit zugleich aber lehnt er die ganze Auffassung von Instinktabläufen als Reflexverkettungen ab. Im Gegensatz dazu möchte ich jedoch betonen, daß die Instinkthandlungen von der Art der eben näher geschilderten zwar als Reflexfolgen aufzufassen und streng von dem ganzheitlichen Typus der Instinktabläufe zu trennen sind, daß damit aber natürlich noch keineswegs eine so grundsätzliche Frage wie die nach der Möglichkeit einer mechanistischen Auffassung des ganzen Organismus entschieden ist. Die Instinkthandlung vom reflektorischen Typus läuft zwar normalerweise wie ein Uhrwerk ab, und diesen ihren Charakter sollte man nicht verkennen, aber wie die Beobachtungen über die Plastizität lehren, ist doch ein übergeordnetes Zentrum da, das dieses Uhrwerk zu regulieren vermag.

In diesem Zusammenhang ist noch eine andere Frage anzuschneiden, wie sie ähnlich schon BIERENS DE HAAN (1935) diskutiert. Die Beobachtungen über den Ablauf der Instinkthandlung sind durchweg an *älteren* Tieren angestellt worden,

welche die betreffenden Bewegungsfolgen schon sehr oft ausgeführt haben. Es
wäre aber möglich, ja, eigentlich zu erwarten, daß diese Abläufe um so starrer werden,
um so mehr den Charakter von Reflexverkettungen annehmen, je öfter sie in gleich-
förmiger Weise wiederholt werden. Man könnte also annehmen, daß solche Handlungen anfänglich mehr in der Weise ablaufen, wie sie für den zweiten Typus der
Instinkthandlung charakteristisch ist, den ich nunmehr behandeln muß.

a) Zur Struktur des Netzes von *Zilla litterata*.

Um den Charakter des Ablaufes dieses zweiten Typus deutlicher zu
machen, muß ich noch einmal auf die Untersuchungen über die Struktur
des Netzes von *Zilla litterata* zurück-
kommen.

Die Gestalt des *Zilla*-Netzes variiert
in sehr interessanter Weise. Ich erinnere
daran (vgl. 2. Studie S. 148f.), daß das
Zilla-Netz sich durch den Besitz eines
Signalfadens auszeichnet, der von der
Warte des Netzes nach dem Schlupfwinkel führt (vgl. Abb. 10 im II. Teil).
Wenn der Schlupfwinkel meistens auch
irgendwo schräg oberhalb der Warte liegt,
und zwar so, daß der Signalfaden nur
einen kleinen Winkel mit der Netzebene
bildet, kann er doch alle möglichen Lagen
relativ zur Netzfläche einnehmen. So
kann der Schlupfwinkel hinter dem Netz
liegen, etwa derart, daß der Signalfaden
mehr oder weniger senkrecht auf der
Netzebene steht, oder er liegt seitlich
neben dem Netz oder gar an seinem
unteren Rand. Die Lage des Schlupfwinkels oder, was dasselbe ist, die *Rich-
tung des Signalfadens* relativ zur Netzfläche, ist nun aber für die
Gestalt des Netzes von größter Bedeutung.

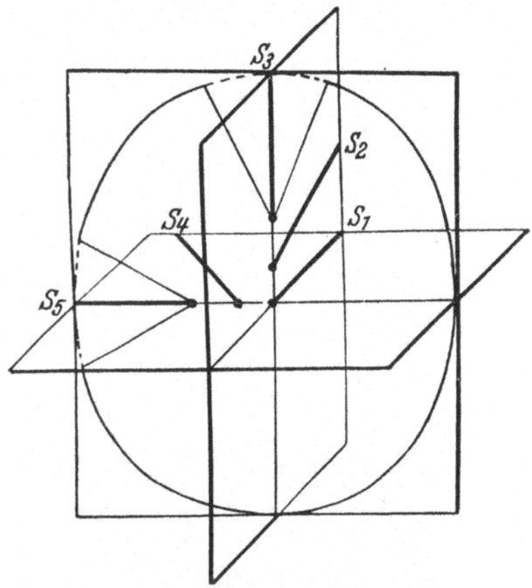

Abb. 52. Schematische Darstellung
der Verschiebung der Nabe bei Änderung des Signalfadenwinkels im *Zilla*-
Netz. Die 3 Ebenen stehen senkrecht
aufeinander und sind vertikal bzw.
horizontal zu denken. Die Wandlungen der Form des Fangbereiches
bei der Verschiebung der Nabe sind
nicht dargestellt, ebensowenig die Ver-
schiebungen der Symmetrieachsen.

An Hand der Figur Abb. 52 sind die hier obwaltenden Gesetzmäßigkeiten leicht zu erkennen[1]. Wir gehen aus von einem Netz, dessen
Signalfaden (S_1) senkrecht auf der (ebenfalls vertikal gedachten) Netzebene steht. In einem solchen Netz liegt die Nabe ungefähr zentrisch
innerhalb der Fläche des Fangbereiches. Denken wir uns nun den Signalfaden in der Vertikalebene verlagert, derart, daß sein Winkel mit der
Netzebene immer kleiner wird (beispielsweise S_2), so verschiebt sich die
Nabe immer mehr auf den Schlupfwinkel zu. Die Exzentrizität erreicht
ihr Maximum, wenn jener Winkel den Wert o erreicht, der Signalfaden

---

[1] Es ist zu betonen, daß es sich um eine *schematische* Wiedergabe der Verhältnisse handelt; vgl. die Fußnote 2 auf S. 255.

also in der Netzebene selbst verläuft. Wie ich bereits in der 1. Studie (S. 636f.) nachgewiesen habe, verhält sich dann die Länge des oberen Abschnittes der Symmetrieachse zum unteren im Idealfall ungefähr wie 1 : 2. Ein solches Netz, mit den realen Zahlenwerten, ist in Abb. 53 dargestellt; die beiden fraglichen Abschnitte der Symmetrieachse (Sa) sind mit a und b bezeichnet[1].

Im entsprechenden Sinne wie in der Vertikalebene verschiebt sich die Nabe, wenn wir uns den Signalfaden in der Horizontalebene immer mehr gegen die Netzebene gedreht denken. Das Maximum der Exzentrizität

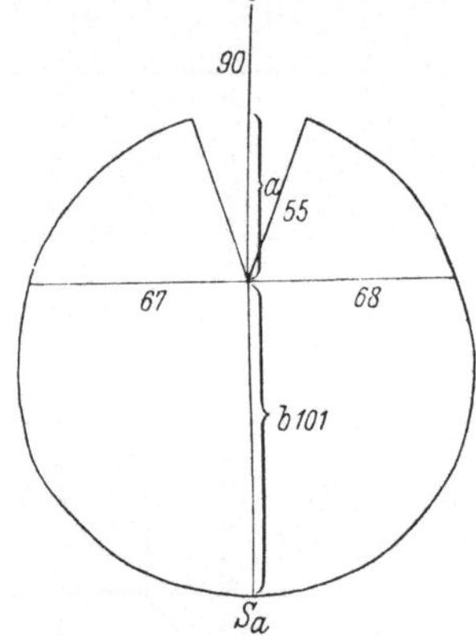

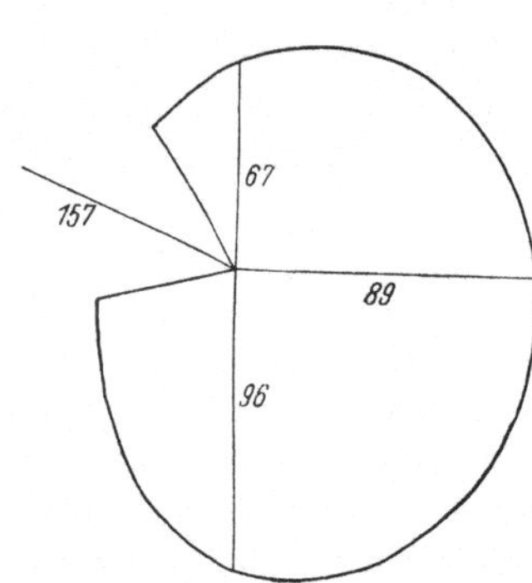

Abb. 53. Netz einer *Zilla litterata*. Umriß des Fangbereiches, schematisiert. Die Zahlen geben die Dimensionen in Millimeter an.

Abb. 54. Netz einer *Zilla litterata*. Umriß des Fangbereiches, schematisiert.

wird auch in diesem Falle erreicht, wenn der Signalfaden in der Netzebene verläuft[2] (Abb. 52 S_4 und S_5). Wird der Signalfaden endlich in einer zwischen der horizontalen und der vertikalen Ebene liegenden Ebene verlagert, so kommt es gleichsam zu einem Kompromiß der beiden Verschiebungstendenzen, wie es etwa aus den Abb. 54 und 55 unmittelbar verständlich wird.

Es ist nun noch daran zu erinnern, daß durch die Richtung des Signalfadens die Richtung der Symmetrieebene des Fangbereiches festgelegt wird. Als Symmetrieachse (Abb. 56 S_a) bezeichne ich allgemein die Schnittlinie der Netzebene (E_n) mit derjenigen, auf dieser senkrecht stehenden und durch die Nabe gelegten Ebene (E_a), welche den Fangbereich in zwei möglichst symmetrische (oder annähernd symmetrische) Hälften zerlegt. Denken wir uns eine entsprechende Ebene (E_s) durch den Signalfaden gelegt, so ist diese oft etwas gegen die Horizontale

---

[1] Ich erinnere daran, daß der freie Sektor eine Zone ohne Radialfäden und Klebfäden ist, und daß er nach WIEHLE auftritt, wenn der Winkel des Signalfadens mit der Netzebene kleiner als 40° ist. Seine Winkelgröße variiert, nach welchem Gesetz ist noch nicht erforscht.

[2] Es scheint, daß auch dann das 1:2-Verhältnis gilt.

hin verschoben, wie in Abb. 56[1]. Nur wenn die Ebene des Signalfadens senkrecht im Raum steht, fallen beide Ebenen zusammen, wie in Abb. 53. Schon in der 1. Studie (S. 637) war die Verschiebung der Signalfadenebene gegen die Ebene der Symmetrieachse als ein Kompromiß zwischen einer Tendenz zur Anordnung des Netzes symmetrisch zur Schwerkraftsrichtung und einer Tendenz zur Anordnung symmetrisch zur Richtung des Signalfadens gedeutet worden.

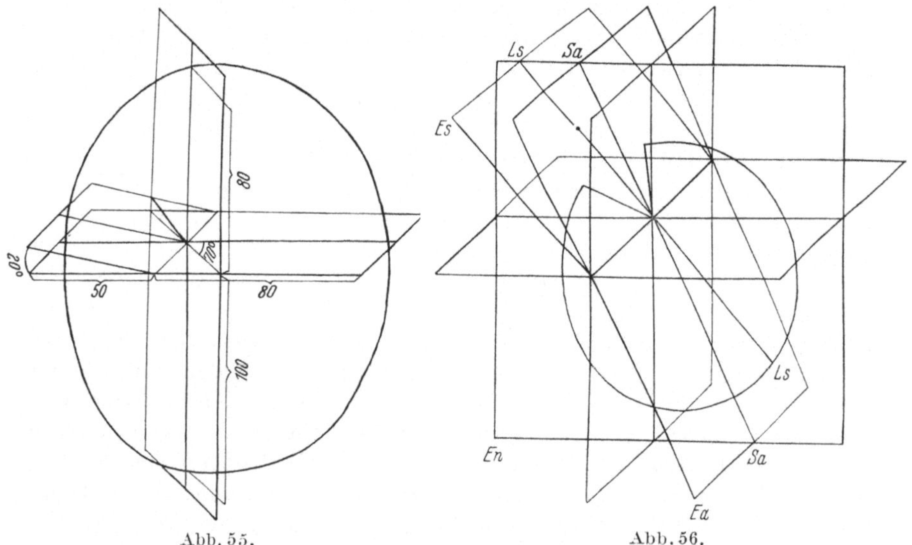

Abb. 55.　　　　　　　　　　Abb. 56.

Abb. 55. Netz einer *Zilla litterata,* Umriß des Fangbereiches, schematisiert. Die eine Ebene ist horizontal, die andere vertikal zu denken. Der Signalfaden verläuft in der Schnittlinie der Vertikalebene mit einer dritten Ebene, die gegen die horizontale 20° geneigt ist. Der Winkel der Vertikalebene mit der Netzebene beträgt 70°.

Abb. 56. Netz einer *Zilla litterata.* Umriß des Fangbereiches, schematisiert. Erklärung im Text.

Mit der Verschiebung der Nabe in der Netzebene ändert sich auch die Form des Fangbereiches[2]. Während der Fangbereich bei *zentrischer* Lage der Nabe ungefähr eine Ellipse darstellt (vgl. Abb. 55), ganz wie der des Kreuzspinnennetzes etwa, weist das Netz mit *exzentrischer* Nabe jene charakteristische Abweichung auf, auf die schon in der 1. Studie hingewiesen worden ist: Die größte Breite des Fangbereiches liegt nicht in

---

[1] Das Gesagte gilt für Netze, deren Signalfaden einen relativ kleinen Winkel mit der Vertikalen bildet.

[2] Die Beziehungen zwischen der Lage des Schlupfwinkels und der der Symmetrieebene bedürfen noch tiefergehender Untersuchungen, und das gleiche gilt für die Wandlungen der Form des Fangbereiches. Zu beachten ist, daß letztere sich weitgehend den jeweiligen räumlichen Verhältnissen an der Baustelle anpassen kann, wodurch die Klarstellung der inneren Strukturgesetzlichkeiten erschwert wird. Über die Anpassung an die räumlichen Gegebenheiten vgl. Verf. 1933.

der Höhe des Mittelpunktes der Symmetrieachse, sondern ist etwas in der Richtung von der Nabe fort, nach unten, verschoben, so daß die charakteristische Tropfenform zustande kommt (vgl. Abb. 53).

Aber nicht nur die Form des Fangbereiches ändert sich mit der Exzentrizität, sondern auch die Anordnung der Radialfäden. Nach den im II. Teil mitgeteilten Untersuchungen hatte sich ja die Regel ergeben, daß die Differenz der Sektorenwinkel im oberen und unteren Netzteil um so größer ist, je exzentrischer die Lage der Nabe ist. Da die Größe der Sektorenwinkel aber nun ihrerseits wieder für die Abstände der Klebfäden entscheidend ist, sieht man, wie sich die relative Lage des Signalfadens zur Netzebene schließlich *bis in die Feinstruktur* des Netzes auswirkt. Auch hier wieder gibt sich die Ganzheitlichkeit des Netzes mit aller Deutlichkeit zu erkennen.

Vergleichendes. Es ist von Interesse, zu untersuchen, wie die soeben für das *Zilla*-Netz geschilderten Verhältnisse in den Netzen anderer Radnetzspinnen liegen. Hier verspricht das Netz von *Meta reticulata* wichtige Aufschlüsse. Adulte Individuen dieser Art nämlich halten sich entweder in der Warte ihres Netzes auf, oder sie lauern am Rande ihres Netzes, unter einem Blatt oder einfach an einem Stengel oder dergleichen auf Beute, mit der Warte durch einen Signalfaden verbunden, der meistens nur einen kleinen Winkel mit der Netzebene bildet. Anscheinend verhalten sich die gleichen Individuen in dieser Hinsicht an verschiedenen Tagen verschieden. Für unsere Frage ist nun die Beobachtung wichtig, daß die Netze solcher Tiere, die sich *in der Warte* aufhalten, zentrisch gebaut sind, während die Nabe in den Netzen solcher, die außerhalb des Netzes lauern, in der Richtung auf den Lauerplatz hin stark verschoben ist. In 14 solchen *exzentrischen* Netzen verhielten sich die Ausdehnungen des Fangbereiches nach unten zu der nach oben[1] im Mittel wie 179 : 100, in 19 *zentrischen* Netzen dagegen, deren Besitzerinnen also in der Warte ihren Sitzplatz hatten, wie 117 : 100. Die einzelnen Zahlenwerte finden sich in folgender Übersicht:

	Ausdehnung des Fangbereiches nach unten dividiert durch die Ausdehnung des Fangbereiches nach oben	im Mittel
Spinne sitzt in der Warte	0,88 0,89 0,91 0,97 1,00 1,03 1,05 1,05 1,07 1,09 1,11 1,11 ,1,14 1,27 1,35 1,35 1,56 1,63 1,76	1,17
Spinne sitzt neben dem Netz	1,44 1,44 1,61 1,63 1,64 1,79 1,82 1,83 1,84 1,88 1,96 1,97 2,10 2,18	1,79

Die Beziehung zwischen der Aufenthaltsweise der Spinne und der Lage der Nabe in der Netzfläche scheint allgemein zu gelten. Nach beiläufigen Angaben in der Literatur (NIELSEN, WIEHLE), wo der Zusammenhang allerdings noch nicht erkannt ist, und nach eigenen flüchtigen Beobachtungen zeigen die Netze folgender *Aranea*-Arten eine starke Verlagerung der Nabe in Richtung auf den Aufenthaltsort

---

[1] Gemessen längs der Symmetrieachse des Netzes, vom Mittelpunkt der Nabe bis zum äußersten Klebfaden. Die Symmetrieachse wird durch den Signalfaden bestimmt und ist dann auch hier meist ein wenig gegen ihn verschoben.

des Tieres neben dem Netz: *quadrata, foliata, sturmi, dumedorum, alpica, sexpunctata* und *cucurbitina* (von welch letzterer allerdings WIEHLE angibt, sie halte sich auf der Nabe auf!). Wichtig ist in diesem Zusammenhang auch die Beobachtung, daß *Zilla litterata* nach längerem Hungern (in der Gefangenschaft) zentrische Netze anlegt. Die Spinnen ziehen sich dann nämlich nicht in einen Schlupfwinkel zurück, sondern halten sich dauernd in der Warte auf. Übrigens beobachtet man auch sonst, daß Radnetzspinnen solcher Arten, die sich außerhalb des Netzes aufzuhalten pflegen[1], von dieser Gewohnheit abweichen, wenn sie offenbar sehr hungrig sind. Ob sie dann auch, wie *Zilla*, zentrische Netze bauen, habe ich nicht untersucht.

Auch die Erstlingsnetze von *Zilla litterata* sind zentrische Netze, und dem entspricht es nun wieder, daß die jüngsten Individuen dieser Arten keinen Schlupfwinkel anlegen, sondern in der Warte lauern.

Eine Ausnahme von der Regel macht *Nephila madagascariensis*. Das Tier hält sich ständig in der Warte auf. Dennoch ist sein Netz stark exzentrisch gebaut. Aber man kann dieses Netz nicht ohne weiteres in eine Reihe mit den echten Radnetzen stellen, weil es oberhalb der Warte keine Klebfäden enthält und auch sonst abweichend gebaut ist.

b) Schema und Plan.

Wenn ich nun endlich noch einmal auf die Frage des Instinktablaufes zurückkomme, so lehren uns die Beobachtungen am *Zilla*-Netz, daß die Herstellung eines solchen Gebildes unmöglich das Ergebnis einer Bewegungsfolge *nach Art der Reflexverkettung sein kann*. Es ist ausgeschlossen, die Herstellung des Netzes in eine Reihe von *Einzel*reaktionen zu zerlegen, deren jede durch einen besonderen Reiz herbeigeführt würde. Das geht schon deshalb nicht an, weil, wie gezeigt, die Strukturverhältnisse der Netze immer wieder andere sind, so daß also auch die „Reize" im Verlauf der Herstellung eines jeden Netzes immer wieder verschiedene sein müßten, das Tier aber nicht auf eine Unsumme von solchen verschiedenen Reizen mit speziellen Reaktionen vorbereitet sein kann. Aber nicht diesem Argument gegen die Reflextheorie möchte ich großes Gewicht beimessen als vielmehr einer Gegentheorie, welche, wie ich zu zeigen hoffe, dem Wesen der Sache viel eher gerecht werden kann, einer Theorie, deren Grundgedanke bereits von JORDAN (1929) klargelegt worden ist.

Die Struktureigentümlichkeiten des Radnetzes — und ich fasse wieder vornehmlich das *Zilla*-Netz ins Auge — lassen sich in solche scheiden, welche *allen* Netzen der Species zukommen und solche, die in den verschiedenen Netzen eines und desselben Individuums verschieden sind. Das allen Netzen einer Species Gemeinsame nenne ich das Schema des betreffenden Netzes. Es enthält, um es am Beispiel des *Zilla*-Netzes in großen Zügen zu schildern, die strahlige Anordnung von radialen Fäden in gewissem mittlerem Winkelabstand, die von einem mehr oder weniger zentralen Netzteil ausgehend zu einem Rahmen führen und durch konzentrische Klebfäden verbunden sind. Die Ausgestaltung im einzelnen aber: Vorhandensein oder Fehlen des Signalfadens, Zentrizität oder

---

[1] Nachts halten sich übrigens *alle* Radnetzspinnen in der Warte auf.

Exzentrizität der Nabe und das *genaue Ausmaß* der Exzentrizität, die *genaue* Größe der Sektorenwinkel und die Verteilung der Radialfäden in der Netzebene, der *genaue* Abstand der peripheren Klebfäden und ihre Anordnung zentralwärts — all dies, um nur das Wichtigste zu nennen, wechselt von Netz zu Netz und ist nicht dem Schema zuzurechnen. Aber diese Verschiedenheiten der Netze sind nicht regellos, im Gegenteil, es hat sich herausgestellt, daß sie von einigen wenigen Grundgesetzen streng beherrscht werden. Die Spinne verfügt demnach außer über das Schema auch über diese Grundgesetze, gemäß deren sie aus dem Schema heraus das reale Gebilde produziert.

In meinen Untersuchungen an *Haplochromis multicolor*, einem Knochenfisch (1937), habe ich unter Heranziehung der einschlägigen Literatur den Begriff des Schemas bereits ausführlich diskutiert und auch das „angeborene Schema" als das noch von aller Erfahrung unbeeinflußte Schema untersucht. Der in der zitierten Arbeit benutzte Begriff läßt sich jedoch nicht ohne weiteres mit dem des gegenwärtigen Zusammenhanges gleichsetzen. Im ersteren Fall handelt es sich nämlich um Schemen, die mit Auslösevorgängen zu tun haben. Es wurde untersucht, in welcher Form ein objektives Bild, auf welches eine Instinkthandlung anspricht, in dem reagierenden Organismus vertreten ist. Es ergab sich ein bestimmtes „angeborenes Schema" des Mutterfisches, das die Jungfische von *Haplochromis multicolor* unabhängig von aller Erfahrung in sich tragen. Das Netzschema dagegen hat nichts mit der der Auslösung einer Instinkthandlung durch eine bestimmte Wahrnehmung zu tun, sondern der Organismus produziert ein Gebilde und gibt ihm eine solche Gestalt, daß sie jenem Schema entspricht. Wir müssen demnach zwischen Auslöseschema[1] und *Produktionsschema* unterscheiden.

Das Problem ist nun, wie das reale Netz aus dem Schema heraus produziert wird. Zunächst müssen wir uns daran erinnern, aus welchen äußeren Ursachen denn überhaupt die Netze so verschieden gestaltet sind. Offenbar liegt das an den Verschiedenheiten der räumlichen Verhältnisse der Baustelle, welche die Spinne bei der Herstellung des Netzes berücksichtigen muß. Ich erinnere an die Bedeutung der relativen Lage des Schlupfwinkels[2]. Die räumlichen Verhältnisse der äußeren Situation also sind für die Art und Weise der Realisierung des Schemas von ausschlaggebender Bedeutung. Die Spinne setzt Schema und äußere Situation miteinander in Beziehung[3]. Es fragt sich, wie man sich das vorzustellen hat. Gewisse frühere Versuchsergebnisse, auf die ich gleich

---

[1] Diese Bezeichnung wird schon von LORENZ, dem wir eingehende Forschungen über Auslöseschemen bei Vögeln verdanken, gebraucht (vgl. besonders LORENZ: Naturwiss. **1937**).

[2] Als Schlupfwinkel dienen etwa Blätter, deren relative Lage zu den für die Befestigung des Netzes in Betracht kommenden Ästchen oder dgl. natürlich von Fall zu Fall wechselt.

[3] Wie schon JORDAN sagt.

näher eingehen werde, legen die Vorstellung nahe, daß Schema und äußere Situation in einem „Plan" aufgehen, der für die Ausgestaltung des Netzes maßgebend ist. Der Plan wäre also das auf *die besonderen räumlichen Verhältnisse* auf Grund der eigentümlichen Gestaltungsgesetze *spezialisierte Schema*; er würde — so können wir hypothetisch sagen — die Spinne von Beginn ihrer Tätigkeit an leiten.

Schon in der 2. Studie habe ich Experimente beschrieben, welche in diesem Zusammenhang von Bedeutung werden, und die ich deshalb noch einmal aufgreifen muß. Der entscheidende Versuch ist jener mit einer *Zilla litterata* (S. 147), deren von dem Tier in einen Holzrahmen eingespanntes Netzgerüst in seiner Ebene um 90° gedreht wurde, als die Spinne mit der Anlage der Hilfsspirale begann. Der Schlupfwinkel kam dadurch von rechts oben nach der linken Seite zu liegen (Abbildung 57). Vor der Drehung war eine Form des Fangbereiches zu erwarten, wie sie in der Abbildung durch die dick ausgezogene Linie angedeutet ist, ein Netz, wie es ähnlich auch in Abb. 41 dargestellt ist, mit dem charakteristischen Längenverhältnis der Achsenabschnitte von 1 : 2 und zwei symmetrischen Hälften des Fangbereiches. Wie Abb. 57 lehrt, stimmt die tatsächlich realisierte Gestalt mit der zu erwartenden überein, nur ist das Ganze *um ungefähr 90°*, im Sinne der Drehung des Netzgerüstes, *relativ zum Netzgerüst verschoben*. Schon in der 2. Studie war daraus geschlossen worden, daß die Spinne die Raumlage der Symmetrieachse des Netzes gedächtnismäßig festhält und sich später an diesem „inneren Wegweiser" orientiert. Gänzlich abweichend wäre nun die Gestalt des Netzes geworden, wenn die Spinne bei der Ausgestaltung die Raumlage des Signalfadens *nach* der Drehung zugrunde gelegt hätte. In diesem Falle hätte der Umriß des Fangbereiches den Verlauf der dünn ausgezogenen Linie in Abb. 57 nehmen müssen, wie es ähnlich auch Abb. 54 angibt. Die Ausdehnung des Fangbereiches von der Nabe aus nach oben hätte sich zu

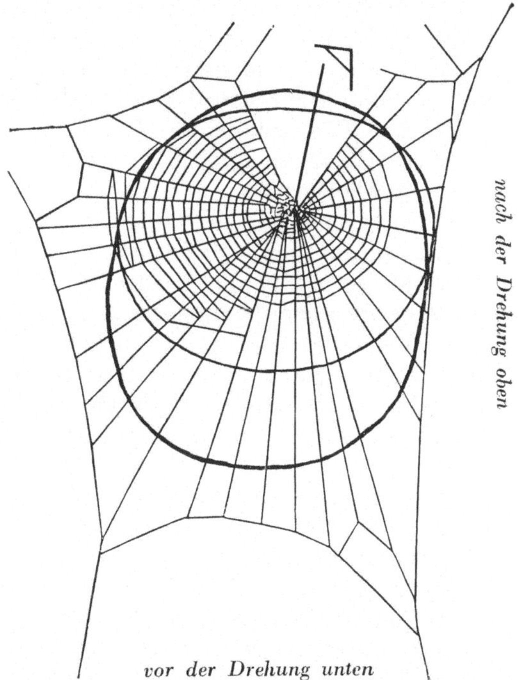

Abb. 57. Versuch mit Drehung des Netzgerüstes einer *Zilla litterata*. Erklärung im Text.

der nach unten nicht wie 1 : 2 verhalten, sondern sich dem 1 : 1 Verhältnis annähern müssen, und die Nabe wäre nach links, auf den Schlupfwinkel zu verschoben worden. Es zeigt sich also, daß die Gestalt des Fangbereiches schon festgelegt ist, *noch ehe* die Spinne überhaupt mit seiner Herstellung begonnen hat. Nicht nach den ihm dauernd zur Verfügung stehenden unmittelbaren Daten des Netzes selbst orientiert sich das Tier bei der Anordnung der Netzfäden, sondern nach einem zu Beginn seiner Tätigkeit entstandenen Plan.

Dieser Plan, so dürfen wir weiter folgern, enthält Relationen, keine absoluten Bestimmungen. Denn ein Blick auf Abb. 57 lehrt, daß die *definitive Größe* des Fangbereiches, entsprechend den neuen Verhältnissen, hinter der ursprünglich für ihn „vorgesehenen" beträchtlich zurückbleibt. Die Spinne hat nicht den ganzen ihr noch zur Verfügung gebliebenen Flächenraum mit Klebfäden überzogen, sondern den Fangbereich als Ganzes harmonisch verkleinert, so daß noch unbenutzter Raum verblieben ist.

Es fragt sich, was der Plan noch außer den schon angeführten Bestimmungen enthält. Nach den in der 2. Studie (S. 148) mitgeteilten Beobachtungen muß auch der freie Sektor im Plan enthalten sein. Denn im Drehexperiment kommt es vor, „daß die Spinne den ursprünglich als freien Sektor vorgesehenen, zum Schlupfwinkel führenden Sektor regelrecht mit Klebfäden überspannten, daß sie dafür aber in der Richtung zur früheren Lage des Schlupfwinkels einen Sektor aussparten, an dessen Rande die konzentrischen Fäden, oder wenigstens ein Teil von ihnen, umkehrten".

Was außer diesen räumlichen Verhältnissen noch im Plan enthalten ist, entzieht sich unserer Kenntnis, ist aber natürlich experimenteller Untersuchung leicht zugänglich. Insbesondere wäre die Frage zu prüfen, ob die Anordnung der konzentrischen Klebfäden gemäß der mit dem Grundquotienten gegebenen Beziehung nicht vielleicht schon im Plan festgelegt wird, oder ob sie erst bei der Herstellung dieser Fäden selbst bestimmt wird. Ferner müßte Genaueres über den Zeitpunkt, in dem der Plan geschaffen wird, in Erfahrung gebracht werden. Wahrscheinlich ist es ja so, daß zunächst nur die Grundstruktur des Netzes festgelegt, und daß mit dem Fortschritt der Arbeit der Plan immer reicher ausgestattet wird.

Wie ich schon eingangs erwähnt habe, hat die hier vorgetragene Theorie Verwandtschaft mit dem Grundgedanken von JORDAN, den er in seiner „Allgemeinen vergleichenden Physiologie der Tiere" entwickelt. Er schreibt dort: „Ohne das Gesamtnetz zu sehen... vermag (die Spinne) jede Anhaftungsstelle richtig zu finden. Alle einzelnen Abstände zwischen den Befestigungsstellen aber sind Resultanten aus den Formen des allgemeinen Netzschemas und dem Einfluß, den die Situation darauf ausübt. Da die Situation sich beim Spinngewebe naturgemäß nicht jeweils als Einzelreiz geltend machen kann, so haben wir es auch nicht mit der Wirkung summierbarer Einzelreize zu tun, sondern die objektive Vielheit der Situation wird mit dem angeborenen Schema zur synthetischen Einheit". Diese Hypothese hat JORDAN auf Grund eines damals gänzlich unzulänglichen Materials aufgestellt. Um so bemerkenswerter ist es, wie gut seine Vorstellungen die tatsächlichen Verhältnisse treffen. Auch FISCHEL (S. 70) faßt die Möglichkeit ins Auge, die Spinne handle so, ,,als ob das Ziel wie eine gegenwärtige Wahrnehmung schon vorhanden wäre. Mit dem Trieb zum Bauen wirkt auch, vielleicht in wirklicher Vorstellung, schon das erblich gegebene Bild des fertigen Zieles. Es wird den jeweils vorhandenen Umständen, beim Spinnen allenfalls dem Raum zwischen Zweigen, eingepaßt, so daß das Tier sich darauf einstellen kann wie auf Gegenwärtiges".

c) Über das Reparieren des Radnetzes.

Zur Erhärtung der theoretischen Darlegungen über die Herstellung des Netzes möchte ich nun noch einige Beobachtungen über das Reparieren des Netzes mitteilen.

Die Reparatur des Radnetzes gehört zu den speziellen Fragen, die eine größere Anzahl von Autoren zu Beobachtungen angeregt haben. Leider haben die meisten von ihnen kaum Notiz voneinander genommen, so daß manche widersprechende Angaben vorliegen.

WIEHLE (1927), der auch die frühere Literatur ausgiebig herangezogen hat, stellte fest, daß *Zilla litterata* Teile des Rahmenwerkes ersetzt und dem Netz durch einige neue Fäden die verlorene Spannung wieder gibt. Ähnliches beobachteten NIELSEN (1932, S. 166) und der Verfasser. Bei NIELSEN und Verfasser (1933) finden sich auch Abbildungen solcher einfacher Ersatzkonstruktionen. Hierher gehört auch die Verwendung von Teilen des alten Rahmenwerkes bei der Herstellung des neuen Radnetzes[1], wie sie ebenfalls von den genannten Autoren[2] beschrieben worden ist.

Kleine Beschädigungen der Netzfläche entstehen schon bei der gewöhnlichen Benutzung des Netzes. So beobachtet man am *diadema*-Netz sehr häufig, daß die Warte durch die Berührung mit einem größeren eingespeichelten Nahrungsklumpen durchlöchert wird. Die Spinne überspannt solche Löcher mit einigen hin- und hergehenden Fäden. Wenn das Tier auch durch Anwendung besonderer Methoden (vgl. Verf. 1933, S. 661) beim Herauslösen eines Beutetieres aus dem Fangbereich im allgemeinen größere Beschädigungen derselben vermeidet, so entstehen beim Beutefang oder sonstwie doch ab und zu Löcher. Solche verhältnismäßig kleine Schäden können durch Einsetzen radialer oder auch konzentrischer Fäden und Rahmenfäden mehr oder weniger notdürftig ausgebessert werden (DAHL 1885, *Zilla litterata*, McCOOK 1889, S. 179, *Uloborus plumipes*, VERLAINE 1933, junge *Aranea diadema*, ebenso VINCENT 1930, WIEHLE 1928, S. 128, *Cyrtophora citricola*).

Sind diese Beobachtungen im Rahmen unserer Betrachtung auch nicht so sehr bedeutungsvoll, so verdienen die nun folgenden größere Beachtung.

Schon DAHL (1885) hat die Beobachtung gemacht, daß die Spinne (junge *Zilla litterata*) *während der Herstellung des Netzes* besonders große Bereitwilligkeit zeigt, zerstörte Teile zu ersetzen. Wurde während des

---

[1] Die ja im allgemeinen fast täglich erfolgt.
[2] Von WIEHLE an *Uloborus geniculatus*.

Bauens ein Teil des Netzes, bestehend aus Rahmen, Radialfäden, Hilfsspirale und Klebfäden, fortgerissen, so wurde alles wieder hergestellt (also
auch die Klebfäden!). VERLAINE (1933) berichtet von jungen *Aranea
diadema* desgleichen den Ersatz von Teilen der Hilfsspirale und der Um-

Abb. 58. Repariertes Netz einer kleinen, inadulten
Kreuzspinne. Photographie.

gänge der Fangspirale[1].
HINGSTON (1920, S.95/96)
konnte über den Ersatz
von Radialfäden eine in-
teressante Beobachtung
machen. Er durchschnitt
in einem im Bau befind-
lichen Netz 25mal einen
Radialfaden, wobei bis-
weilen ein und dieselbe
Speiche 3—4mal entfernt
wurde. Die Spinne, die
normalerweise ungefähr
24 Radialfäden angelegt
hätte, zog unter diesen
Umständen 43. Ich selbst
konnte an der Kreuz-
spinne ebenfalls beobach-
ten, daß Radialfäden
während des Speichen-
ziehens mit großer Hart-
näckigkeit ersetzt wer-
den. Das gleiche gilt für
Rahmenfäden, und zwar
sowohl primäre wie se-
kundäre[2]. Interessant ist
auch die Beobachtung
von HINGSTON, daß die
Spinne ein von einer

anderen angefangenes Netz zu vollenden imstande ist. Er setzte Tiere,
die mit dem Netzbau beschäftigt waren, in ein anderes, unvollendetes
Netz. Dann wurde in einigen Fällen das neue Netz fertiggestellt, in
anderen Fällen allerdings auch zerstört[3]. Ich selbst konnte einmal sehen,

---

[1] HINGSTON (1928) bestreitet das; er hält die Fähigkeit zum Reparieren für sehr
gering. MENGE, FABRE und RABAUD hatten den Radnetzspinnen überhaupt jegliches
Reparaturvermögen abgesprochen.

[2] Zu dieser Unterscheidung vgl. 2. Studie S. 133.

[3] Neuerdings hat E. PETRUSEWICZOWA (1938) diese Versuche systematisch
ausgebaut. Sie schreibt: „Das Verhalten der Kreuzspinne spricht dafür, daß der
Bau des Fangnetzes nicht eine Reihe automatisch verrichteter Tätigkeiten darstellt,
sondern daß sich das Tier in seinem Verhalten den gegebenen Bedingungen weitgehend anpassen kann".

wie ein adultes *diadema*-Weibchen, das bereits die Hauptrahmenfäden und die zugehörigen wenigen Radialfäden hergestellt hatte, von einer anderen, umherwandernden *diadema* vertrieben wurde. Der Eindringling lief sogleich in das Zentrum des Netzgerüstes und stellte den Bau fertig. In einem zweiten Fall waren die Umgänge der Klebfäden bereits zur Hälfte angelegt worden.

Hier schließen sich nun jene Fälle an, die zeigen, daß die Spinne auch große Teile des fertigen Netzes ersetzen kann. So schreibt COMSTOCK

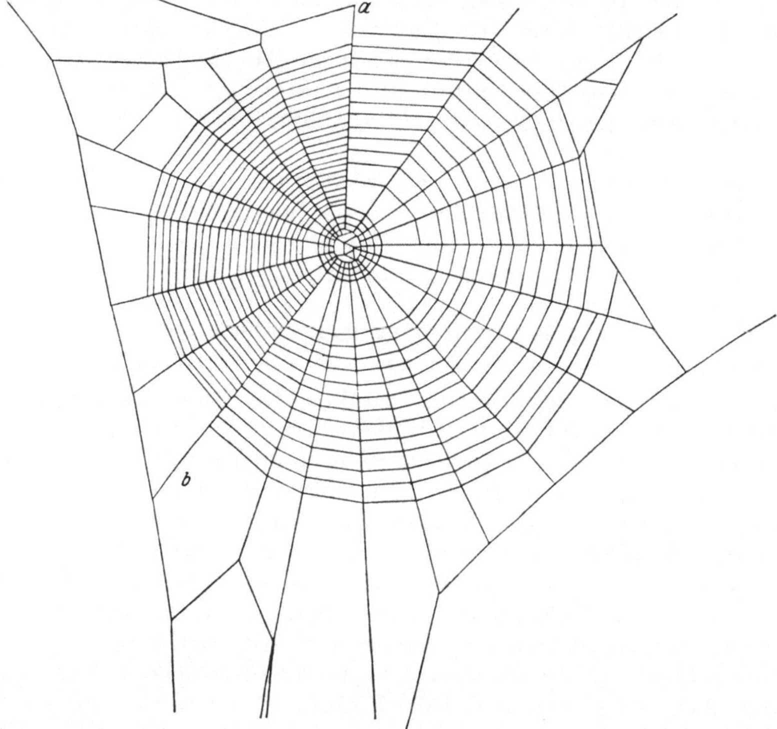

Abb. 59. Repariertes Netz einer Kreuzspinne. Die Proportionen stimmen nur ungefähr. (Aus PETERS 1933.)

(1913, S. 431) von *Nephila claviceps*, daß alte Tiere, nicht wie sonst üblich, ihr ganzes Netz erneuern, sondern nur eine Hälfte davon. Ähnliches berichtet WIEHLE (1931, S. 370) von *Nephila madagascariensis:* „Von adulten Tieren wird regelmäßig jeden Tag eine Netzhälfte erneuert. Es kommt dabei vor, daß auch einmal etwas mehr vom Netz neu gebaut wird. Ich habe einige Fälle notiert, bei denen der mittlere Sektor des Netzes erneuert wurde, während zwei seitliche Abschnitte verbraucht stehen blieben." Ähnlich berichten BONNET und THOMAS (nach BERLAND 1932, S. 225). Am typischen Radnetz hat VINCENT (1930) wertvolle Beobachtungen angestellt. Er sah, wie eine *Aranea umbratica* nach

Zerstörung des mittleren Teiles ihres Netzes die Reste dort entfernte, eine
Anzahl Radialfäden einsetzte, eine neue Befestigungszone zog und die
Klebfäden — jedoch keine Hilfsspirale! — wiederherstellte. Eine adulte
diadema jedoch fertigte nach Zerstörung eines großen Teils des Netzes
vor dem Einsetzen der neuen Klebfäden erst eine Hilfsspirale an. Ein
Bild, wie es ähnlich VINCENT von *Aranea umbratica* entwirft, ist Abb. 58.
Das Netz dieser kleinen *diadema* war ziemlich stark beschädigt worden.
Nach einiger Zeit baute die Spinne den ganzen zentralen Teil ab und
erneuerte Warte, Radialfäden und Klebfäden. Auch eine Hilfsspirale
wurde hergestellt, jedoch kein Rahmen[1]. Schließlich möchte ich noch
einmal auf die bereits früher veröffentlichte Abb. 59 hinweisen, welche
als einen seltenen Ausnahmefall den vollständigen Ersatz eines Abschnittes zeigt, der größer war als die Hälfte des Netzes jener Kreuzspinne.

Die Beobachtungen zeigen auch wieder mit aller Deutlichkeit, daß
die Spinne bei der Herstellung des Netzes keineswegs an eine Aufeinander-
folge bestimmter Bewegungen gebunden ist und stimmen zu der Theorie,
daß sie vom Plan eines fertigen Ganzen geleitet wird.

Zusammenfassung und Ausblick.

Die Untersuchungen haben, wie ich glaube, mit immer größerer
Deutlichkeit den ganzheitlichen Charakter des Radnetzes aufgedeckt.
Diese Ganzheitlichkeit liegt in der Besonderheit der räumlichen Gliederung des Radnetzes. Die von den Fäden begrenzten, in der eigentümlichen Weise ineinander gefügten, aufeinander abgestimmten Formen
sind es, die dem Netz den Charakter des Ganzen geben, eines Ganzen,
das wir zweckmäßig als Formganzes bezeichnen. Durch diesen Begriff
ist es geschieden von jenen Gebilden, deren Ganzheitlichkeit in der
funktionellen Abstimmung der Teile liegt, den Funktionsganzen. In
welcher Beziehung nun der Harmoniebegriff zum Begriff der Formganzheit und überhaupt der Ganzheit steht, wäre noch zu untersuchen. Soviel
kann schon gesagt werden, daß die Begriffe sich überschneiden: ein und
dasselbe Gebilde können wir als harmonisch bezeichnen mit Rücksicht
auf seine ästhetische Wirkung oder als ein Ganzes, wenn wir von dieser
Wirkung absehen.

Im Laufe der Untersuchungen haben wir das Radnetz von den verschiedensten Seiten aus betrachtet: im I. Teil rein messend beschreibend,
im II. Teil als harmonisches Gebilde und endlich in diesem III. Teil als
Formganzes — aber immer noch sind die Problemkreise nicht erschöpft;
alle Fragen, die das Netz uns als Funktionsträger aufgibt, sind damit
noch nicht einmal angedeutet. Als Funktionsträger konnte das Netz
in dieser Arbeit noch nicht untersucht werden. Nur einige wenige darauf

---

[1] Die Sektorenwinkel sind jetzt bedeutend größer als vorher! Vgl. die Untersuchungen über die Beziehungen zwischen Netzgröße und Größe der Sektorenwinkel
in der 1. Studie!

bezügliche Fragen wurden diskutiert und führten uns zu der Einsicht, daß hier noch besonders große Lücken in unseren Kenntnissen sind. Das Radnetz als Funktionsträger zu untersuchen, ergibt sich als eine der dringlichsten Aufgaben aus den ausschließlich die reinen Formprobleme behandelnden Studien.

In einer Richtung noch konnte, wie mir scheint, ein kleiner Fortschritt erzielt werden, in der Frage des Instinktablaufes. Als Reflexverkettung läßt sich die Herstellung des Netzes nicht auffassen. Die Handlung läuft ganz anders ab, als es der Reflextheorie entsprechen würde. Aus dem allgemeinen Netzschema heraus entsteht als Grundlage des realen Netzes ein Plan, als das auf die besonderen räumlichen Verhältnisse an der Baustelle spezialisierte Schema. Von diesem Plan wird die Spinne während ihrer Tätigkeit geleitet.

IV. Schlußbemerkung.

Wenn ich nun noch einmal auf die Untersuchungen in ihrer Gesamtheit zurückblicke, so erscheint mir ihre Fortführung besonders in zwei Richtungen nötig: In der Klarstellung des Tatsächlichen gilt es, die Methoden zu verfeinern, namentlich die Zahl der Messungen zu vermehren und noch andere Radnetztypen heranzuziehen. Im Theoretischen kommt es auf eine weitere Klärung der Begriffe an, besonders des Verhältnisses der Begriffe Formganzheit und Harmonie.

Die Untersuchungen zielen letzten Endes auf das Problem der organischen Formbildung. Das Radnetz kann in diesem Fragenkomplex wichtige Aufschlüsse geben und ist daher eines eingehenden Studiums wert. Die besondere Bedeutung, die ihm in der Erforschung jenes Problems zukommt, liegt meiner Ansicht nach darin, daß sich die Eigenart seiner Gestaltung nicht allein aus seiner Eigenschaft als Funktionsträger verstehen läßt. Die Gestaltung steht hier über den Zweckzusammenhängen; diese sind von untergeordneter Bedeutung. Teleologisch im üblichen Sinne lassen sich zwar manche seiner Einzeleigenschaften, aber nicht die Durchgestaltung des Ganzen verstehen, wie sie uns im Laufe der Untersuchung, angefangen mit den Beziehungen zwischen Winkelgrößen und Segmentquotienten bis zu den Formveränderungen des *Zilla*-Netzes bei relativer Verlagerung des Signalfadens immer wieder entgegengetreten ist. Die hier in Erscheinung tretenden Gesetze gründen sich offenbar auf ganz ursprüngliche Gestaltungstendenzen, die eine weitere Zurückführung nicht gestatten.

Literaturverzeichnis.

Baltzer, F.: Beiträge zur Sinnesphysiologie und Psychologie der Webespinnen. Mitt. naturforsch. Ges. Bern **1923**. — **Bartels, M.:** Sinnesphysiologische und psychologische Untersuchungen an der Trichterspinne *Agelena labyrinthica* (Cl.). Z. vergl. Physiol. **10** (1929). — **Berland, L.:** Les Arachnides. Paris 1932. — **Bierens**

de Haan, J. A.: Reflex und Instinkt beim Ameisenlöwen. Biol. Zbl. **44** (1924). — Die tierpsychologische Forschung, ihre Ziele und Wege. Leipzig 1935. — **Böker, H.:** Einführung in die vergleichende biologische Anatomie der Wirbeltiere, Bd. I. und II. Jena 1935 u. 1937. — Was ist Ganzheitsdenken in der Morphologie? Z. ges. Naturwiss. **1936/37.** — **Comstock, J. H.:** The Spider Book. New York 1912. — **Dahl, F.:** Versuch einer Darstellung der psychischen Vorgänge in den Spinnen. Vjschr. wiss. Philos. **1885.** — **Doflein, F.:** Der Ameisenlöwe. Jena 1916. — **Fabre, J.-H.:** Souvenirs Entomologiques, IX. s. Paris 1905. — **Fischel, W.:** Tiere mit Gefühl und Verstand. Berlin-Lichterfelde. — **Fröbes, J.:** Lehrbuch der experimentellen Psychologie, Bd. 1. Freiburg 1923 und Nachtrag 1935, Bd. 2. 1929. — **Goldstein** u. **Gelb:** Über den Einfluß des vollständigen Verlustes des optischen Vorstellungsvermögens auf das taktile Erkennen. Z. Psychol. **83** (1920). — **Haeckel, E.:** Die Radiolarien. Berlin 1862. — **Hartmann, M.:** Allgemeine Biologie. Jena 1933. — **Hingston, R. W. G.:** A Naturalist in Himalaya. London 1920. — Problems of Instinct and Intelligence. London 1928. — **Holzapfel, M.:** Die nicht-optische Orientierung der Trichterspinne *Agelena labyrinthica* (Cl.). (Kinästhesie, Orientierung nach Gefälle, Starrheitstaxis.) Z. vergl. Physiol. **20** (1933). — **Homann, H.:** Beiträge zur Physiologie der Spinnenaugen. Z. vergl. Physiol. **7** (1928). — **Jordan, H. J.:** Allgemeine vergleichende Physiologie der Tiere. Berlin u. Leipzig 1929. — **Kries, J. v.:** Allgemeine Sinnesphysiologie. Leipzig 1923. — **Krueger, F.:** Über psychische Ganzheit. Neue psychol. Stud. **1** (1926). — **McCook, H. C.:** American Spiders and their Spinning-Work Vol. I. Philadelphia 1889. — **Monat-Grundland, S.:** Gibt es einen Tastraum? Z. Psychol. **115, 116** (1930). — **Nielsen, E.:** The Biology of Spiders, Vol. I and II. Copenhagen 1932. — **Petermann, B.:** Die Wertheimer-Koffka-Köhlersche Gestalttheorie und das Gestaltproblem. Leipzig 1929. — **Peters, H.:** Die Fanghandlung der Kreuzspinne (*Epeira diademata* L.). Z. vergl. Physiol. **15** (1931). — Experimente über die Orientierung der Kreuzspinne *Epeira diadema* Cl. im Netz. Zool. Jb. Abt., Allg Zool. u. Physiol. **51** (1931). — Weitere Untersuchungen über die Fanghandlung der Kreuzspinne (*Epeira diademata* Cl.). Z. vergl. Physiol. **19** (1933). — Kleine Beiträge zur Biologie der Kreuzspinne *Epeira diademata* Cl. Z. Morph. u. Ökol. Tiere **26** (1933). — Studien am Netz der Kreuzspinne (*Aranea diadema*). I. Z. Morph. u. Ökol. Tiere **32** (1937). — Studien am Netz der Kreuzspinne *(Aranea diadema)*. II. Z. Morph. u. Ökol. Tiere **33** (1937). — Über das Netz der Dreieckspinne *Hyptiotes paradoxus*. Zool. Anz. **121** (1938). — **Petrusewiczowa, E.:** Beobachtungen über den Bau des Netzes der Kreuzspinne *(Aranea diadema* L.). Trav. Inst. biol. Univ. Wilno **13** (1938). — **Révész, G.:** System der optischen und haptischen Raumtäuschungen. Z. Psychol. **131** (1934). **Rudert, J.:** Kasuistischer Beitrag zur Lehre von der funktionellen Asymmetrie der Großhirnhemisphären. Neue psychol. Stud. **1** (1926). — **Verlaine, L.:** L'Instinct et l'Intelligence chez les Araignées. III. La Construction de la Toile. Bull. Soc. roy. Sci. Liège **1933**. — **Vincent, D.:** Réparations des Pièges d'Araignées. La Nature. **1930.** — **Weber, H.:** Über die Umdrehreflexe einiger Prosobranchier des Golfs von Neapel. Z. vergl. Physiol. **3** (1926). — **Wiehle, H.:** Beiträge zur Kenntnis des Radnetzbaues der Epeiriden, Tetragnathiden und Uloboriden. Z. Morph. u. Ökol. Tiere 8 (1927). — Beiträge zur Biologie der Araneen, insbesondere des Radnetzbaues. Z. Morph. u. Ökol. Tiere **11** (1928). — Weitere Beiträge zur Biologie der Araneen, insbesondere zur Kenntnis des Radnetzbaues. Z. Morph. u. Ökol. Tiere **15** (1929). — Neue Beiträge zur Kenntnis des Fanggewebes der Spinnen aus den Familien *Argiopidae, Uloboridae* und *Theridiidae.* Z. Morph. u. Ökol. Tiere **22** (1931).

Aufnahmebedingungen.

I. Sachliche Anforderungen.

1. Der Inhalt der Arbeit muß dem Gebiet der Zeitschrift angehören.

2. Die Arbeit muß wissenschaftlich wertvoll sein und Neues bringen. Bloße Bestätigungen bereits anerkannter Befunde können, wenn überhaupt, nur in kürzester Form aufgenommen werden. Dasselbe gilt von Versuchen und Beobachtungen, die ein positives Resultat nicht ergeben haben. Arbeiten rein referierenden Inhalts werden abgelehnt, vorläufige Mitteilungen nur ausnahmsweise aufgenommen. Polemiken sind zu vermeiden, kurze Richtigstellung der Tatbestände ist zulässig. Aufsätze spekulativen Inhalts sind nur dann geeignet, wenn sie durch neue Gesichtspunkte die Forschung anregen.

II. Formelle Anforderungen.

1. Das Manuskript muß leicht leserlich geschrieben sein. Die Abbildungsvorlagen sind auf besonderen Blättern einzuliefern. Diktierte Arbeiten bedürfen der stilistischen Durcharbeitung zur Vermeidung von weitschweifiger und unsorgfältiger Darstellung. Absätze sind nur zulässig, wenn sie neue Gedankengänge bezeichnen.

2. Die Arbeiten müssen *kurz* und in gutem Deutsch geschrieben sein. Arbeiten in den anderen Kongreßsprachen können nur aufgenommen werden, wenn es sich um die Muttersprache des Autors handelt. Ausführliche historische Einleitungen sind zu vermeiden. Die Fragestellung kann durch wenige Sätze klargelegt werden. Der Anschluß an frühere Behandlungen des Themas ist durch Hinweis auf die letzten Literaturzusammenstellungen (in Monographien, „Ergebnissen", Handbüchern) herzustellen.

3. Der Weg, auf dem die Resultate gewonnen wurden, muß klar erkennbar sein; jedoch hat eine ausführliche Darstellung der Methodik nur dann Wert, wenn sie wesentlich Neues enthält.

4. Jeder Arbeit ist eine kurze Zusammenstellung (höchstens 1 Seite) der wesentlichen Ergebnisse anzufügen.

5. Von jeder Versuchsart bzw. jedem Tatsachenbestand ist in der Regel nur *ein* Protokoll im Telegrammstil als Beispiel in knappster Form mitzuteilen. Das übrige Beweismaterial kann im Text oder, wenn dies nicht zu umgehen ist, in Tabellenform gebracht werden; dabei müssen aber zu umfangreiche tabellarische Zusammenstellungen unbedingt vermieden werden[1].

6. Die Abbildungen sind auf das Notwendigste zu beschränken. Entscheidend für die Frage, ob Bild oder Text, ist im Zweifelsfall die Platzersparnis. Kurze aber erschöpfende Figurenunterschrift erübrigt nochmalige Beschreibung im Text. Für jede Versuchsart, jedes Präparat ist nur *ein* gleichartiges Bild, Kurve u. ä. zulässig. Unzulässig ist im allgemeinen die *doppelte* Darstellung in Tabelle *und* Kurve. *Farbige* Bilder können nur in seltenen Ausnahmefällen Aufnahme finden, auch wenn sie wichtig sind. Didaktische Gesichtspunkte bleiben hierbei außer Betracht, da die Aufsätze in den Archiven nicht von Anfängern gelesen werden.

7. Die Beschreibung von Methodik, Protokollen und anderen weniger wichtigen Teilen ist für *Kleindruck* vorzumerken. Die Lesbarkeit des Wesentlichen wird hierdurch gehoben.

8. Das Zerlegen einer Arbeit in mehrere Mitteilungen zwecks Erweckung des Anscheins größerer Kürze ist unzulässig.

9. Doppeltitel sind aus bibliographischen Gründen unerwünscht. Das gilt insbesondere, wenn die Autoren in Ober- und Untertitel einer Arbeit nicht die gleichen sind.

10. An *Dissertationen*, soweit deren Aufnahme überhaupt zulässig erscheint, werden nach Form und Inhalt dieselben Anforderungen gestellt wie an andere Arbeiten. Danksagungen an Institutsleiter, Dozenten usw. werden nicht abgedruckt. Zulässig hingegen sind einzeilige Fußnoten mit der Mitteilung, wer die Arbeit angeregt und geleitet oder wer die Mittel dazu gegeben hat. *Festschriften* und *Monographien* gehören nicht in den Rahmen einer Zeitschrift.

---

[1] Es wird empfohlen, durch eine Fußnote darauf hinzuweisen, in welchem Institut das gesamte Beweismaterial eingesehen oder angefordert werden kann.